U0266201

The plants illustrated guide of Wulatehouqi

植物图鉴

■ 主编 贾昆峰

内蒙古出版集团
内蒙古人民出版社

图书在版编目(CIP)数据

乌拉特后旗植物图鉴/贾昆峰主编. ——呼和浩特:
内蒙古人民出版社,2014.10

ISBN 978—7—204—13148—8

Ⅰ.①乌… Ⅱ.①贾… Ⅲ.①植物—乌拉特后旗—
图谱 Ⅳ.①Q948.522.64—64

中国版本图书馆CIP数据核字(2014)第243925号

书　名:乌拉特后旗植物图鉴

主　　编　贾昆峰
责任编辑　刘智聪
责任校对　陈宇琪
封面设计　齐林梅
出版发行　内蒙古人民出版社
地　　址　呼和浩特市新城区中山东路8号波士名人国际B座5楼
网　　址　http://www.nmgrmcbs.com
印　　刷　武汉安捷印刷有限公司
开　　本　889×1194　1/16
印　　张　41.75
字　　数　500千
版　　次　2016年1月第1版
印　　次　2016年1月第1次印刷
印　　数　1—1500册
书　　号　ISBN 978—7—204—13148—8/Q·14
定　　价　246.00元

如发现印刷质量问题,请与我社联系。联系电话:(0471)3946120　3946173

《乌拉特后旗植物图鉴》指导小组

组　长：刘志勇

副组长：岳继雄　闫　军　张学军

王　玮　陈　峰　乔建荣

崔振荣　郭永祯　肖兴嘎　霍查图

《乌拉特后旗植物图鉴》编写领导小组

组　长：陈功明

副组长：周金海　富登荣　石永强

成　员：（以姓氏笔画为序）

王新旺　张瑞军　张智军　格日勒朝格图

贾昆峰　温苏雅拉图　韩永忠　魏春喜

《乌拉特后旗植物图鉴》编辑委员会

主　编：贾昆峰

副主编：富登荣　赵学勇　张惠娟

编　委：韩永忠　高宝兰　赵　毅　王国林

满　达　王　亮　李晓花　王泽宙

那日苏　乌仁高娃　闫红梅　朝鲁代

专　家：曹　瑞　赵利清

摄　影：贾昆峰　赵利清　乌仁高娃

项目参加单位：

乌拉特后旗梭梭林自然保护区乌拉特后旗管理站

中国科学院寒区旱区环境与工程研究所

乌拉特后旗草原管理站

乌拉特后旗森林公安分局

◎ 乌拉特后旗人民政府驻地巴音宝力格镇一角

◎ 乌拉特后旗草原景观

◎ 北部沙漠

◎ 风蚀景观

◎ 放牧的骆驼

◎ 放牧的羊群

◎ 戈壁落日

◎ 梭梭林

◎ 碱韭草原

◎ 肉苁蓉

◎ 山地沙地柏群落

◎ 绵刺群落

◎ 胡杨疏林

◎ 蒙古韭群落

◎ 古榆树

◎ 恐龙化石自然保护区

◎ 阴山岩画——群虎图

◎ 高阙寨遗址

◎ 幼年北山羊

◎ 奔跑中的鹅喉羚

◎ 荒漠中的蒙古野驴

◎ 从小跟着牧民羊群长大的幼年盘羊

◎ 保护区工作人员救护的雪豹

◎ 清晨山脊上的一对岩羊母子

◎ 大天鹅

◎ 白鹭

◎ 白琵鹭及鸬鹚

◎ 赤麻鸭

序

乌拉特草原，是内蒙古九大草原之一，自古以来，就是北方游牧民族繁衍生息的沃野。在漫漫的历史长河中，乌拉特人民与之赖以生存的离离原上草，枯荣不离，年复一年。这里的人民对其怀有最原始、最本真的情怀。乌拉特草原，这个植物资源的天然宝库，在现代经济社会大发展的浪潮中面临着巨大的挑战。可以说，保护好草原植被是一件具有重大战略意义的大事，更是一件惠及农牧民利益长远的实事。

内蒙古作为祖国北部的重要生态屏障，近年来从中央到地方都引起了高度重视。马年伊始，习近平总书记就深入内蒙古和信园蒙草抗旱绿化股份有限公司视察，在详细了解到企业发展草产业、参与干旱地区生产恢复和生态环境建设的情况，特别是看到驯化培育的大量耐寒、耐旱植物得以推广运用后，他欣慰地表示："天苍苍、野茫茫，风吹草低见牛羊。内蒙古就有这样的美丽风光。保护好内蒙古大草原的生态环境，是各族干部群众的重大责任，要积极探索推进生态文明制度建设，为建设美丽中国作出新贡献。实现绿色发展关键要有平台、技术、手段，绿化只搞‘奇花异草’不可持续，盲目引进也不一定适应，要探索一条符合自然规律、符合国情地情的绿化之路。”习总书记的重要讲话，深入浅出地指明了构筑祖国生态屏障的总体要求和努力方向。我曾两次赴和林格尔县考察植物驯化培育工作。在参观完企业利用草原植被培育的耐寒耐旱专题园林基地后，感触颇深，尤其是看到紫羊茅、长青石竹、山丹等植物分类培育驯化并取得成功时，我认为内蒙古草原植被是个大宝库，保护利用好草原植被大有作为。这不仅具有深远的生态保护意义，更具有经济发展的重大战略意义。所以，摸清本区域草原植物家底已成为我们开发利用草原亟待解决的新课题。

乌拉特后旗位于内蒙古西北部，是自治区19个边境少数民族旗县之一，拥有2.5万平方公里的国土面积，其中86%是荒漠、半荒漠草原，生物种类繁多，动植物资源丰富。但是由于地处内陆温带区域，生态环境脆弱，加之长期以来不科学的放牧，造成植被破坏，草场退化。针对这一现状，我旗按照中央、自治区的生态战略部署，结合本地实际提出了“生态立旗”的发展思路，将经济社会的成果更多地用在了改善生态环境上，先后实施了旗府搬迁、生态移民和退牧转移等生态治理工程，使草原得到了充分的休养生息，生态环境有了明显改善，草原物种得到了有效保护。

工欲善其事，必先利其器。正当我们高举生态立旗，着力构筑祖国生态屏障，加强草原开发保护之时，却发现没有系统研究本地区植物种类的资料。昆峰等同志编写的《乌拉特后旗植物图鉴》，无疑将填补这一空白，为我旗林业、畜牧业、园林、中蒙医药等领域的研究与发展提供翔实的图文参考，为乌拉特草原生态环境保护与开发利用提供坚实的理论支撑。作者利用业余时间，耗时数年奔波在草原深处，采集植物标本，科学鉴定整理，收集到很多珍贵的第一手资料。此项工作已经走在了全国县级植物图鉴编纂事业的前列，不仅对地方生态保护与开发作出了积极的贡献,也必将成为内蒙古草原植被开发与保护的重要参考文献,在构筑祖国北方生态屏障、保护草原植物资源的进程中起到越来越重要的作用。

《乌拉特后旗植物图鉴》即将付梓,我有幸为之作序,衷心地希望越来越多的同仁能关注并参与到草原植物研究与保护工作中来,为实现“无边绿翠凭羊牧、一马飞歌醉碧霄”的美丽草原梦而共同努力奋斗。

乌拉特后旗人民政府旗长

2015年6月23日

序

《乌拉特后旗植物图鉴》从2011年计划编写以来，经昆峰等同志的不懈努力，终于全部交稿，即将付梓出版。该书系统记载了乌拉特后旗维管植物共78科、291属、569种、2亚种、39变种和2变型，其中野生维管植物60科、223属、421种、2亚种、28变种和1变型。这不仅是乌拉特后旗，也是巴彦淖尔市林业系统的一项重要科研成果，可喜可贺。

书中作者对每一个植物种都附有彩色照片，使该书更直观，更具有参考和实用性，是林业、草原、中蒙医等行业工作人员，特别是基层一线工作人员十分珍贵的资料性参考书。

这本书，展现了作者扎实的植物分类学知识，凝结着作者坚定执着的信念，倾注了作者大量的心血。500多个植物种，分布在乌拉特后旗2.5万平方公里的各个角落，作者的足迹踏遍了乌拉特后旗戈壁、沙漠、草原、湖泊、山地、农田和村镇，这也是我市林业工作者勇于进取、甘于奉献的精神风貌的缩影和具体体现。

植物是林业工作的基础，不同地区因其自然条件的差异，所分布的植物种类差别较大，但这些天然分布的植物种最适应当地的气候及土壤条件，我们要尊重自然按自然规律来发展林业，首先要认识自然，了解当地经长期自然选择保存下的植物种类及其生长发育规律。近几年在市林业局的倡导和支持下，在充分了解乌拉特后旗植物资源的基础上，经昆峰等乌拉特后旗林业局同仁的具体操作和试验，我们开展了巴彦淖尔市荒漠原生树种育苗及造林试验研究，取得了很好的成效，目前正在进一步示范、推广，这将给巴彦淖尔市及内蒙古西部其他地区甚至整个西北干旱地区带来巨大的生态和经济效益。有些树种如沙冬青、蒙古扁桃和狭叶锦鸡儿等不仅在林业生态建设中作用巨大，而且在园林绿化中也有非常大的发展潜力。

在巴彦淖尔市6.5万平方公里的国土上，蕴藏着丰富的野生植物资源，能够用于林业生态建设和园林绿化的树种一定会有很多，这就需要我们的林业工作者积极探索、苦苦追寻，在实践中不断摸清当地植物资源。唯如此，才能在天然原生植物的有效开发利用上取得更大的成绩。

巴彦淖尔市林业局局长

刘志勇

2015年7月8日

前言

乌拉特后旗(E105°05′20″至107°38′20″,N40°30′00″至42°21′40″),位于巴彦淖尔市的西北部,面积约2.5万平方公里,北与蒙古国接壤,南接河套平原,西与阿拉善左旗毗邻,东与乌拉特中旗相邻。这里有着辽阔的荒漠草原、草原化荒漠、沙漠、戈壁、山地、丘陵以及农田、灌木林地、沼泽和水体等复杂且多样的地质环境,虽然地处干旱荒漠地区,生长环境条件严苛,但是类型多样,养育了相对丰富的植物资源。

编者在该旗工作近30年,一直从事生态建设和野生动植物保护工作。在工作过程中,特别是在各级各类调查中,经常遇到或被问及植物名称的问题。植物名称的准确与否,直接影响到是否能够准确反映当地的自然状况,植物资源数量,也影响到调查的质量,进一步影响到依据这些调查结果所做出决策的正确性。因此,编者觉得有必要编写一本《乌拉特后旗植物图鉴》,以便于有关人员参考。于是从2011年开始,利用工作之余,采集乌拉特后旗境内的植物标本,对其进行拍照、鉴定,并整理、编辑成书。

经过三年多艰苦的努力,共采集乌拉特后旗野生维管植物60科、223属、421种、2亚种、28变种和1变型(如果一种植物在乌拉特后旗没有正种,只有亚种、变种或变型,按1种统计的话，又增加16个单位种。这样，乌拉特后旗野生维管植物共有436种）。另采集18栽培科、66栽培属、101栽培种、11变种、4栽培变种和1栽培变型。本书共收录乌拉特后旗维管植物78科、291属、569种、2亚种、39变种、2变型。每个种记载有中文名（有的带别名）、拉丁学名、蒙古名（如果有）、生活型、水分生态类群、生境、分布区域和用途，并都配有彩色照片。

栽培种主要收录了与林业、园林、草原等有关的栽培种，以及果树和栽培观赏花草等。没有收录农作物和蔬菜等栽培作物，仅对个别已不栽培但逸出野外的种类进行了收录。

本书按照《内蒙古植物志》第二版的分类系统分类和排列，植物名称（包括中文名和拉丁名）也采用了《内蒙古植物志》第二版的命名方法，少部分引用了其他资料或从百度百科搜索引用。本书增补了《内蒙古植物志》第二版中缺少的6种野生植物，即狼山西风芹（Seseli langshanense）、狭穗碱茅（Puccinellia schischkinii）、芒颖大麦草（Hordeum jubatum）、乌拉特葱（Allium wulateicum）、泥胡菜（Hemistepta lyrata）和红跟补血草（Limonium erythrorhizum）；以及13种栽培植物，即日本皂荚（Gleditsia japonica）、紫茉莉（Mirabilis jalapa）、旱金莲（Tropaeolum majus）、花椒（Zanthoxylum bungeanum）、香椿（Toona sinensis）、火炬树（Rhus typhina）、五叶地锦（Parthenocissus quinquefolia）、四季丁香（Syringa microphylla）、一串红（Salvia splendens）、荷兰菊（Aster novi-belgii）、苇状羊茅（Festuca arundenacea）、美人蕉（Canna indica）及荷花（Nelumbo nucifera）。

1985年原巴彦淖尔盟草原工作站曾经做过此项工作，整理出了一份乌拉特后旗植物名录。因其没有拉丁学名，也无照片，仅有的中文名无法准确地确定植物种。但考虑到对有关研究人员仍有一定的参考价值，编者将这一名录附于书后，以供参考。

在此次标本采集、鉴定和本书编写出版过程中，乌拉特后旗梭梭林自然保护区管理局的赵毅、王国林、王亮、王泽宙、李晓花、满达、那日苏、闫红梅及乌拉特后旗草原站的乌仁高娃等同志参加了标本的采集和整理工作；内蒙古大学曹瑞教授、赵利清教授为本书的编写给予了指导并帮助鉴定了部分标本，赵利清教授审阅了书稿，并补充了部分植物照片；中国科学院寒区旱区环境与工程研究所赵学勇研究员在百忙中对本书的文字部分进行了修改，提出了宝贵的意见；巴彦淖尔市科协“飞翔计划”为本项目资助了1万元。该项工作自始至终得到了乌拉特后旗人民政府周金海副旗长、巴彦淖尔市科协艾宝明主席、巴彦淖尔市乌拉特国家级自然保护区管理局岳继雄局长、巴彦淖尔市林业科学研究所郭永祯所长、乌拉特后旗森林公安分局韩永忠局长、巴彦淖尔市林业局崔振荣总工程师、乌拉特后旗草原站高宝兰站长、乌拉特后旗林业局全体职工的大力支持和帮助；巴彦淖尔市林业局刘志勇局长和乌拉特后旗人民政府陈功明旗长在百忙中为此书作序，在此一并表示衷心的感谢！

《乌拉特后旗植物图鉴》是编者经过多年对乌拉特后旗植物标本的采集和拍摄的基础上整理编写而成的。本书对收集的乌拉特后旗维管植物78科、291属、569种、2亚种、39变种和2变型，每一种植物的生活型、水分生态类群、生境、用途、分布等均作了简要介绍，并附有彩色照片。

本书可供生态环境保护、自然保护区、荒漠化治理、植物学、林业、草原、园林、水土保持、中医、蒙医等单位科研、教学和生产人员参考。

由于本人学识水平有限，工作量较大，时间仓促，拍摄技术较差，难免有不当和错漏之处，敬请专家、学者和广大读者批评指正。

编者

2014年8月23日

目录 Contents

被子植物门

植物图鉴
The plants illustrated guide

植物图鉴
The plants illustrated guide

植物图鉴
The plants illustrated guide

乌拉特后旗自然环境概况

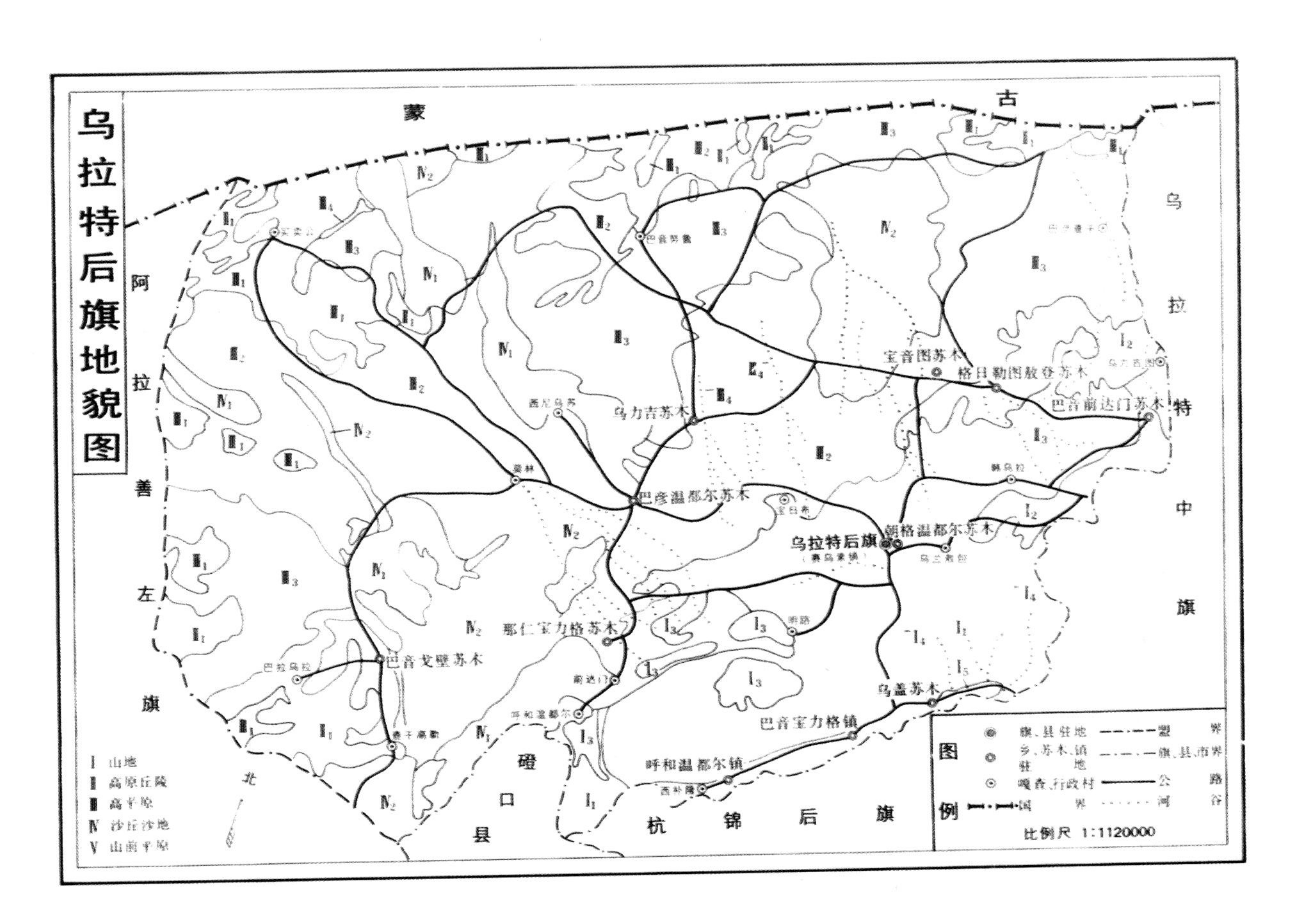

1. 地理位置与范围

乌拉特后旗位于内蒙古自治区巴彦淖尔市西北部，地理坐标为东经105°05′20″至107°38′20″，北纬40°30′00″至42°21′40″之间，东与乌拉特中旗交界，南与杭锦后旗、磴口县相连，西与阿拉善左旗毗邻，北与蒙古国接壤。东西长250公里，南北宽130公里，总面积24926平方公里。

2. 地形、地貌及其特点

乌拉特后旗地域辽阔，地类复杂，阴山山脉的西段—狼山横贯旗境南部，把该旗分为北部高平原区、中部山区及南部平原区三个自然类型区。

北部高平原区是属于内蒙古高原的一部分，海拔在900~1600米之间，地势由南向北倾斜。低山丘陵、沟谷、盆地、砂砾质高平原、沙漠、沙地等相间分布。该区域占全旗总面积的83.6%。

中部狼山呈东北西南走向，海拔在1100~2365米之间，南坡陡峭，北坡平缓，地形起伏，沟谷纵横。该区域占全旗总面积的15.1%。

南部平原区是狭长的冲积平原，属河套平原的一部分，由狼山山前冲积扇、扇缘洼地、河套冲积平原及沙漠组成，海拔在1050~1107米之间，地势由北向南倾斜。地貌类型为山麓洪积扇、洪积台地、河套冲积平原及沙漠四大类型。该区域占全旗总面积的1.3%。

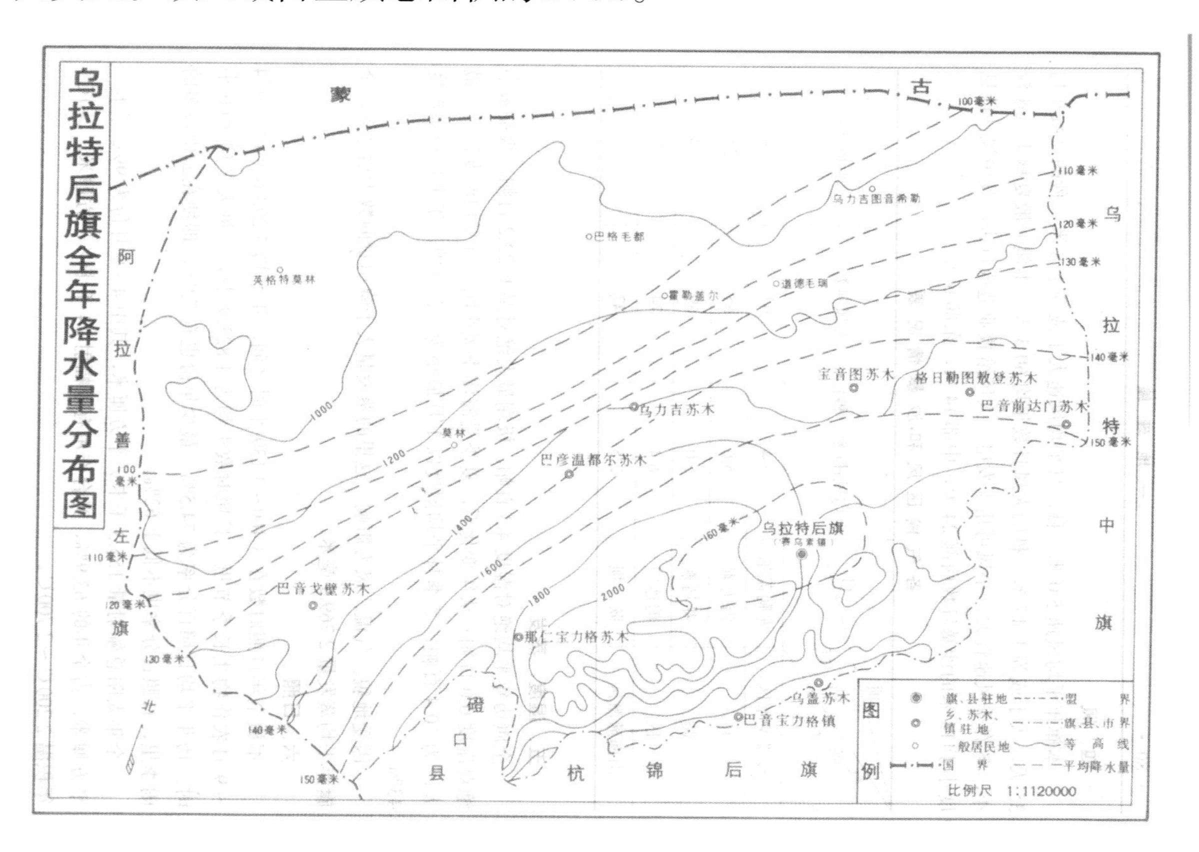

3. 气候

乌拉特后旗地处中纬度内陆地区，属典型的中温带大陆季风气候，表现为冬季寒冷漫长、春秋季短、夏季炎热、干燥少雨、风大等气候特征。

(1)气温：该旗年平均气温为3.8~6.5℃，气温变化剧烈，日平均气温≥10℃的天数为25~157天，≥10℃的积温2000~3168.3℃，无霜期130天左右。

(2)日照：该旗日照充足，年平均日照时数为3180.3~3388.8小时。

(3)降水：该旗地域辽阔，降水时空分布差异较大，年均降水量在

90~140毫米之间;在空间分布上,降水由东南向西北逐渐减少。降水量年内分配不均,主要集中在7~8月份,占年降水量的70%左右。

(4)蒸发:该旗年平均蒸发量为1679~2260.6毫米,自东南向西北逐渐增加,蒸发量是降水量的12~23倍,属严重干旱地区。

4. 土壤

全旗地带性土壤有栗钙土、棕钙土和灰棕漠土;非地带性土壤有浅色草甸土、盐土、沼泽土、风沙土和灌淤土。

棕钙土分布面积最大,占全旗总面积的35.46%,主要分布于该旗的东南部;其次是灰棕漠土,占全旗总面积的34.59%,主要分布于该旗的西北部;风沙土占16.62%,分布在西部和北部;栗钙土占0.67%,分布在山区海拔高度2000米以上地区;浅色草甸土占0.26%;盐土占0.26%;沼泽土占0.01%;灌淤土占0.15%,分布在山前灌区;其他土类占11.98%。

5. 水文

乌拉特后旗地处干旱荒漠地区,地表水及地下水储量均不丰富。以狼山北坡一带低山残丘作为全旗的分水岭,分成向北流入该旗北部沙地和蒙古境内的内陆水系和向南流入黄河的外流水系两大水系。

向南的外流水系有13条较大的河沟,由北向南切穿狼山山区。该水系平均年总径流量为1148.8万立方米,流域面积2298平方公里。这些河沟大部分为间歇河,在干旱季节,多数河床干枯,不见地表水;而在雨季,特别是降暴雨时,在短时间内迅速形成山洪,山洪迅猛而下,在山口处形成较大的冲击扇面。

向北流的内陆水系有12条较大的干河谷,其支流有40多条,呈树枝状分布在山后高平原区。该水系平均年总径流量为5293.2万立方米,流域面积17641平方公里。这些内陆河沟每年流水的次数都很少,水量也较小,常常见不到地表径流。

该旗地下水受地质、地层岩性与地形地貌等条件的影响,分为松散岩类孔隙水、碎屑岩类裂隙孔隙层间水和基岩裂隙水三大类。其中,松散岩类孔隙水分布在山前、河谷及沙地一带，水量较丰富，埋藏浅；碎屑岩类裂隙孔隙层间水分布在盆地上；基岩裂隙水分布在中低山区和丘陵区。后两者可分为贫水区、中等富水区、富水区，还有少量自流区。

6. 植被

该旗植被分区属于亚非荒漠植物区—亚洲中部亚区—阿拉善荒漠植物省—东阿拉善州。全旗植被低矮稀疏，主要可分为：荒漠植被、半荒漠植被、山地植被、沙生植被和盐生植被五大类型。

6.1 荒漠植被

主要分布在该旗的西北部和北部，约占全旗总面积的50%左右。植被类型有以球果白刺(Nitraria sphaerocarpa)为建群种的球果白刺(或泡泡刺)荒漠植被，以短叶假木贼(Anabasis brevifolia)为建群种或优势种的短叶假木贼荒漠植被，以红沙(Reaumuria soongorica)为建群种或优势种的红沙荒漠植被，以霸王(Zygophyllum xanthoxylon)为建群种或优势种的霸王荒漠植被，以梭梭(Haloxylon ammodendron)为建群种的梭梭小半乔木荒漠植被，以膜果麻黄(Ephedra przewalskii)为建群种的膜果麻黄荒漠植被，以鹰爪紫(Convolvulus gortschakovii)为建群种或优势种的刺旋花荒漠植被，以绵刺(Potaninia mongolica)为建群种或优势种的绵刺荒漠植被，以沙冬青(potaninia mongolica-golicus)为建群种或优势种的沙冬青荒漠植被，以及以合头藜(Sympegma regelii)为建群种的合头草荒漠植被等。这些荒漠植被中常见的伴生成分主要有沙生针茅(Stipa glareosa)、砂蓝刺头(Echinops gmelini)、葡根骆驼蓬(Peganum nigellastrum)、短脚锦鸡儿(Caragana brachypoda)、中亚紫菀木(Asterothamnus centrali-asiaticus)、内蒙古旱蒿(Artemisia xerophytica)、蓍状亚菊(Ajania achilloides)、松叶猪毛菜(Salsola laricifolia)、珍珠猪毛菜(Salsola passerina)、戈壁短舌菊(Brachanthemum gobicum)、蒙古韭(Allium mongolicum)、无芒隐子草(Cleistogenes songorica)、变异黄芪(Astragalus variabilis)和红根补血草(Limonium erythrorhizum)等植物种,各个建群种或优势种之间也常常互为伴生。一年生植物层片主要有猪毛蒿(Artem scoparia)、紊蒿(Elachanthemum intricatum)、蒺藜(Tribulus terrestris)、蛛丝蓬(Micropeplis arachnoidea)和三芒草(Aristida adscenionis)等。

6.2 半荒漠植被

处在荒漠植被和山地植被之间,位于狼山以北地区的南部和东南部,约占全旗总面积的34%左右。植被类型主要有以红沙(Reaumuria soongorica)、碱韭(Allium polyrhizum)、冷蒿(Artemisia frigida)和丛生小禾草如小针茅(Stipa klemenzii)、短花针茅(Stipa breviflora)、沙生针茅(Stipa glareosa)、无芒隐子草(Cleistogenes songorica)和沙芦草(Agropyron mongolicum)等组成的荒漠化草原植被,以中间锦鸡儿(Caragana intermedia)、垫状锦鸡儿(Caragana tibetica)、短脚锦鸡儿(Caragana brachypoda)、沙生针茅(Stipa glareosa)、白沙蒿(Artemisia sphaerocephala)、卵果黄芪(Astragalus grubovii)、蒙古韭((Allium mongolicum)、霸王(Zygophyllum xanthoxylon)、沙冬青(Ammopiptanthus mongolicus)和沙鞭(Psammochloa villosa)等组成的草原化荒漠植被。

6.3 山地植被

主要分布在该旗南部的狼山。山前冲击台地上主要以红沙(Reaumuria soongorica)、松叶猪毛菜(Salsola laricifolia)、霸王(Zygophyllum xanthoxylon)、中亚紫菀木(Asterothamnus centrali-asiaticus)、合头藜(Sympegma regelii)、中亚细柄茅(Ptilagrostis pelliotii)、远志(Polygala tenuifolia)、沙生针茅(Stipa glareosa)、黄花软紫草(Arnebia guttata)、淡黄芪(Astragalus dilutus)和鳍蓟(Olgaea leucophylla)等组成的旱生植

被，在冲击沟口或径流线上可常见到酸枣(Zizyphus jujuba var. spinosa)。在海拔1000~1800米的山坡、山麓及沟谷中，主要以旱榆(Ulmus glaucescens)、单瓣黄刺玫(Rosa xanthina f. normalis)、三裂绣线菊(Spiraea trilobata)、狭叶锦鸡儿(Caragana stenophylla)、蒙古扁桃(Prunus mongolica)、柄扁桃(Prunus pedunculata)、小叶忍冬(Lonicera microphylla)、刺叶柄棘豆(Oxytropis aciphylla)、尖叶丝石竹(Gypsophila licentiana)、灰绿黄堇(Corydalis adunca)、黄花软紫草(Arnebia guttata)、总序大黄(Rheum racemiferum)、微硬毛建草(Dracocephalum rigidulum)、灌木亚菊(Ajania fruticulosa)、地黄(Rehmannia glutinosa)、糙叶黄芪(Astragalus scaberrimus)、变异黄芪(Astragalus variabilis)、麻叶荨麻(Urtica cannabina)、燥原荠(Ptilotrichum canescens)、细茎黄鹌菜(Youngia tenuicaulis)、山苦荬(Ixeris chinensis)、戈壁针茅(Stipa gobica)、短花针茅(Stipa breviflora)、芨芨草(Achnatherum splendens)、醉马草(Achnatherum inebrians)、白莲蒿(Artemisia sacrorum)、黄花蒿(Artemisia annua)和木贼麻黄(Ephedra equisetina)等为常见。海拔1800~2200米的山坡以叉子园柏(Sabina vulgaris)为主，沟谷则以鄂尔多斯小檗(Berberis caroli)、准噶尔栒子(Cotoneaster soongoricus)、小叶金露梅(Potentilla parvifolia)、大果榆(Ulmus macrocarpa)、大花荆芥(Nepeta sibirica)、术叶菊(Synotis atractylidifolia)、牛尾蒿(Artemisia dubia var. dubia)、南牡蒿(Artemisia eriopoda)、耧斗菜(Aquilegia viridiflora)、石生齿缘草(Eritrichium rupestre)和二裂委陵菜(Potentilla bifurca)等为常见，山顶则以阿拉善点地梅(Androsace alashanica)、伏毛山莓草(Sibbaldia adpressa)、多茎委陵菜(Potentilla multicaulis)、冷蒿(Artemisia frigida)和钝基草

(Timouria saposhnikowii)等为主。海拔2200米以上分布着以小叶金露梅(Potentilla parvifolia)、阿尔泰地蔷薇(Chamaerhodos altaica)、刺叶柄棘豆(Oxytropis aciphylla)、轮叶委陵菜(Potentilla verticillaris)、绢毛委陵菜(Potentilla sericea)、丝叶鸦葱(Scorzonera curvata)、火烙草(Echinops przewalskii)及丛生小禾草等组成的山地草原植被。

6.4 沙生植被

主要分布在山后和山前的各沙区。常见的有白刺(Nitraria tangutorum)组成的白刺沙堆和以白沙蒿(Artemisia sphaerocephala)、黑沙蒿(Artemisia ordosica)、沙鞭(Psammochloa villosa)、梭梭(Haloxylon ammodendron)、柠条锦鸡儿(Caragana korshinskii)和中间锦鸡儿(Caragana intermedia)等组成的沙生植被。

6.5 盐生植被

盐生植被在全旗各地的盐碱地上均有分布,但一般面积很小,比较分散。主要有盐爪爪(Kalidium)属植物组成的盐爪爪群落,以及由柽柳属(Tamarix)植物、芦苇(Phragmites australis)、马蔺(Iris lactea var. chinensis)、小果白刺(Nitraria sibirica)和碱蓬属(Suaeda)植物等组成的盐生植被。

7. 野生动物

乌拉特后旗属于荒漠半荒漠地区,植被稀疏低矮,野生动植物资源相对贫乏。对该领域的专门研究较少,目前掌握的资料记载的脊椎动物共有约55科150余种,其中哺乳类动物14科48种,两栖类动物2科2种,爬行类动物3科5种,鱼类3科5种,鸟类约33科90余种。

在乌拉特后旗常见的哺乳类动物有:鹅喉羚、岩羊、赤狐、沙狐、狗獾、猪獾、黄鼬、蒙古兔、刺猬及鼠类动物。罕见的种类有:蒙古野驴、北山羊、盘羊、猞猁、兔狲、荒漠猫、豹猫、雪豹、狼和虎鼬等。

乌拉特后旗野生动物资源中,国家重点保护的野生动物共有23种,其中国家一级重点保护的野生动物5种，分别是：蒙古野驴、北山羊、雪豹、波斑鸨和金雕。国家二级重点保护的野生动物18种，分别有：鹅喉羚、岩羊、盘羊、猞猁、兔狲、荒漠猫、衰羽鹤、灰鹤、疣鼻天鹅、大天鹅、白琵鹭、鸢、草原雕、大鵟、秃鹫、红隼、灰背隼、阿穆尔隼等。

乌拉特后旗维管植物区系概况

1. 植物区系科属组成的基本特征

乌拉特后旗共有野生维管植物60科、223属，436种(表1，不包括栽培植物)。其中蕨类植物4科、4属、4种，裸子植物2科、3属、5种，被子植物54科、216属、427种。与内蒙古自治区的植物类群比较，乌拉特后旗种子植物科数占内蒙古植物的47.9%，属数占33.7%，种数占19.4%。这一组数字反映了乌拉特后旗植物区系多样性的地区特征，仅占内蒙古自治区土地面积2.1%的半荒漠地区却拥有内蒙古自治区19.4%的植物种类，已是比较丰富了。科属数目较高表现出乌拉特后旗植物区系与周边地区在漫长的历史演化变异与迁移融合过程中的复杂联系。

表1　乌拉特后旗维管植物大类群统计表

维管植物类群（科、属、种数及百分比）			科数	占总科数的百分比(%)	属数	占总属数的百分比(%)	种数	占总种数的百分比(%)
蕨类植物门			4	6.7	4	1.8	4	0.9
种子植物	裸子植物门		2	3.3	3	1.3	5	1.2
	被子植物门	双子叶植物纲	46	76.7	175	78.5	354	81.2
		单子叶植物纲	8	13.3	41	18.4	73	16.7
总计			60	100	223	100	436	100

乌拉特后旗维管植物中被子植物占绝大多数，有54科、216属、427种，分别占总数的90%、96.9%、98%；蕨类植物(占总种数的0.9%)和裸子植物(占总种数的1.1%)极少。这些喜湿润的中生环境的原始植物数量减少，从另一个侧面反映了乌拉特后旗生态环境的干旱和严酷。

从表2可以看出,60个科中,含有20种以上的5个大科依次为:菊科、豆科、禾本科、藜科和蔷薇科。这5个科共有植物232种,占全部植物总数的53.2%。含有10~20种的共6个科,依次为蓼科、唇形科、十字花科、蒺藜科、紫草科和石竹科。以上前11个大科占全旗植物科总数的18.3%,共有植物306种,占全部植物种数的70.2%。这11个科不仅含有本区大部分植物种,而且还包含了一些大属,如黄芪属、蒿属、委陵菜属、蓼属、藜属、猪毛菜属、虫实属、碱蓬属、锦鸡儿属、棘豆属、霸王属、鸦葱属、蒲公英属和针茅属。这些大科大属包含着在本地区植被组成中具有重要作用的许多植物种。

从表2还可以看出,单种科有20个,占总科数的33.3%,其所含种数仅占4.6%,这是该地区植物区系组成的一个重要特点。

表2　乌拉特后旗维管植物科的大小顺序统计表

种数(科数)	科名(属数、种数)
>60(1)	菊科(33/69)
41–60(3)	禾本科(32/46) 豆科(16/49) 藜科(15/45)
21–40(1)	蔷薇科(9/23)
11–20(6)	蓼科(5/14) 唇形科(11/13) 十字花科(8/12) 紫草科(6/11) 蒺藜科(4/12) 石竹科(6/12)
5–10(7)	毛茛科(4/9) 百合科(3/9) 莎草科(4/7) 旋花科(3/7) 茄科(3/6) 柽柳科(2/6) 列当科(2/5)
2–5(22)	玄参科(5/5) 伞形科(3/4) 杨柳科(2/4) 榆科(2/4) 牻牛儿苗科(2/4) 白花丹科(1/4) 萝藦科(1/4) 鸢尾科(1/4) 锦葵科(3/3) 报春花科(2/3) 麻黄科(1/3) 车前科(1/3) 罂粟科(2/2) 鼠李科(2/2) 龙胆科(2/2) 柏科(2/2) 小檗科(1/2) 大戟科(1/2) 桔梗科(1/2) 香蒲科1/2) 眼子菜科(1/2) 水麦冬科(1/2)
1(20)	卷柏科 木贼科 中国蕨科 铁角蕨科 桑科 荨麻科 苋科 马齿苋科 景天科 芸香科 远志科 葡萄科 堇菜科 小二仙草科 杉叶藻科 锁阳科 马鞭草科 紫葳科 忍冬科 灯心草科

表3　乌拉特后旗维管植物较大属统计表

种数(属数)	属名(种数)
>11(2)	黄芪属 Astragalus(17)　蒿属 Artemisia(17)
6–11(9)	委陵菜属 Potentilla(11)　藜属 Chenopodium(9)　猪毛菜属 Salsola(7)　棘豆属 Oxytropis(7)　虫实属 Corispermum(7)　葱属 Allium(7)　蓼属 Polygonum(6)　蒲公英属 Taraxacum(6)　针茅属 Stipa(6)
4–5(12)	锦鸡儿属 Caragana(5)　碱蓬属 Suaeda(5)　霸王属 Zygophyllum(5)　柽柳属 Tamarix(5)　鸦葱属 Scorzonera(5)　繁缕属 Stellaria(4)　铁线莲属 Clematis(4)　岩黄芪属 Hedysarum(4)　白刺属 Nitraria(4)　旋花属 Convolvulus(4)　鹤虱属 Lappula(4)　鸢尾属 Iris(4)
3(21)	野豌豆属 Vicia　麻黄属 Ephedra　榆属 Ulmus　木蓼属 Atraphaxis　盐爪爪属 Kalidium　滨藜属 Atriplex　赖草属 Leymus　鹅绒藤属 Cynanchum　披碱草属 Elymus　丝石竹属 Gypsophila　独行菜属 Lepidium　地蔷薇属 Chamaerhodos　地肤属 Kochia　补血草属 Limonium　枸杞属 Lycium　狗尾草属 Setaria　苔草属 Carex　肉苁蓉属 Cistanche　车前属 Plantago　亚菊属 Ajania　风毛菊属 Saussurea
2(46)	略
1(133)	略

从表3可以看出，在乌拉特后旗野生维管植物中，含15种及以上的特大属有2个，含6~11种的大属有9个，含3~5种的中等属有33个，含2种的属46个，只含1种的单种属有133个。9个大属和2个特大属占总属数的4.9%，其所含种数占总种数的22.9%，而单种属占59.6%，所含种数只占30.5%。这些单种属中有一些是组成本区北部高平原区的主要成分——建群种或优势种，如假木贼属(Anabasis)、梭梭属(Haloxylon)、绵刺属(Potaninia)、沙冬青属(Ammopiptanthus)、红沙属(Reaumuria)、紫菀木属(Asterothamnus)与革苞菊属(Tugarinovia)等。

2. 植物区系地理成分分析

乌拉特后旗的植物分布区域属于亚非荒漠植物区—亚洲中部亚区—阿

拉善荒漠植物省—东阿拉善州。从其分布区域上便决定了该地区的植物区，该地区处于蒙古高原区向中央戈壁荒漠区的过渡地带。由于深居内陆，冬春气候受蒙古高压反气旋强烈影响和控制，故寒冷多风；夏季高温而极少降雨，因而气候条件十分严劣，导致植物种类相对贫乏。从表4可以看出，北部高平原区分布有野生维管植物31科、107属、186种，其植物地理成分具有显著的荒漠特点，也是单种属和蒙古高原特有种分布较多的区域。如沙冬青、棉刺、蒙古扁桃、合头藜、梭梭、裸果木、戈壁短舌菊、红花海棉豆、阿拉善脓疮草、冬青叶兔唇花、花花柴与革苞菊等；靠南部的狼山山地最高海拔达2365米，存在着山地草原和草甸植被。乌拉特后旗的大部分植物种分布在该区域，分布有野生维管植物45科、131属、209种，而且多数都是草原区的植物种，如小叶金露梅、石生齿缘草、柄扁桃、阿拉善点地梅、伏毛山莓草、钝萼繁缕、白花黄芪、华北岩黄芪、小叶忍冬、涩草、轮叶委陵菜、糙叶黄芪和阿尔泰狗娃花等。正因为有狼山的存在，乌拉特后旗的植物区系才更加丰富多样。南部河套平原是农业耕作区，分布有野生维管植物30科、101属、159种，其植物大多为农田杂草或耐盐碱植物，如萹蓄、藜、反枝苋、稗、马齿苋、画眉草、柽柳属和碱蓬属植物等，植物种类相对贫乏单调。

表4　乌拉特后旗野生维管植物区域统计表

区域、分类系统	科	属	种
南部河套平原区	30	101	159
中部狼山山区	45	131	209
北部高平原区	31	107	186

注：各区域科、属、种数中有重复统计，北部高平原区的水库及沼泽区域分布的植物未作统计。

根据赵一之先生所著《内蒙古维管植物分类及其区系生态地理分布》一书中的植物分布区资料，将乌拉特后旗436种野生维管植物的分布区归纳为10个分布区类型（见表5），并分别对各类型及其次级类型的植物种作简要的说明。

表5　乌拉特后旗野生维管植物区系地理成分统计表

植物区系地理成分	种数		占全部种的百分比(%)
1 世界分布种	18	18	4.1
2 泛温带分布种	7	7	1.6
3 泛北极分布种	32	33	7.6
3-1 东亚—北美分布种	1		
4 古北极分布种	38	38	8.7
5 东古北极分布种	69	97	22.3
5-1 西伯利亚—东亚分布种	6		
5-2 蒙古—东亚分布种	2		
5-2-1 蒙古—华北分布种	20		
6 东亚分布种	17	53	12.2
6-1 东亚北部分布种	2		
6-1-1 华北—满洲分布种	6		
6-1-2 华北分布种	19		
6-1-2-1 阴山分布种	1		
6-1-2-2 阴山—贺兰山分布种	1		
6-2 华北—横断山脉分布种	7		
7 古地中海分布种	39	39	8.9
8 中亚—亚洲中部分布种	5	7	1.6
8-1 哈萨克斯坦—蒙古分布种	2		
9 亚洲中部分布种	16	141	32.3
9-1 蒙古分布种	7		
9-2 戈壁—蒙古分布种	58		
9-2-1 东戈壁—阿拉善分布种	6		
9-2-2 鄂尔多斯分布种	1		
9-3 戈壁分布种	38		
9-3-1 阿拉善分布种	4		
9-3-1-1 东阿拉善分布种	7		
9-3-1-2 南阿拉善分布种	4		
10 外来入侵种	3	3	0.7
合计	436		100

1)世界分布种

是世界各地都有分布的种，乌拉特后旗有18种，占全部种数的4.1%，主要是一些水生、沼生和农田杂草。水生植物有狐尾藻(Myriophyllum spicatum)、水烛(Typha angustifolia)、穿叶眼子菜(Potamogeton perfoliatus)、龙须眼子菜(Potamogeton pectinatus);沼泽生境植物有芦苇(Phragmites australis);农田杂草有地肤(Kochia scoparia)、藜(Chenopodium album)、马齿苋(Portulaca oleracea)和田旋花(Convolvulus arvensis)等。

2)泛温带分布种

是指地球南北两半球温带分布的种,乌拉特后旗有7种,占总种数的1.6%。主要有灰绿藜(Chenopodium glaucum)、蒺藜(Tribulus terrestris)、稗(Echinochloa crusgalli)、三芒草(Aristida adscenionis)和小画眉草(Eragrostis minor)等农田杂草。杉叶藻(Hippuris vulgaris)则是在水库附近小范围的浅水环境中生存,芒颖大麦草(Hordeum jubatum)则有可能是在园林绿化引种过程中带入的。

3)泛北极(北温带)分布种

一般是指北半球欧洲、亚洲、北美洲温带、寒带大陆广泛分布的种,也有一些种的分布沿山脉向南扩展到亚热带和热带,但其分布中心仍在北温带。该类成分有32种,占总种数的7.3%。常见农田杂草有萹蓄(Polygonum aviculare)、小藜(Chenopodium serotinum)、止血马唐(Digitaria ischaemum);盐化草甸及盐渍化低地植物有盐角草(Salicornia europaea)、牛漆姑草(Spergularia salina)、海乳草(Glaux maritima)、蔺状隐花草(Heleochloa schoenoides)、寸草苔(Carex duriuscula)、海韭菜(Triglochin maritimum)和水麦冬(Triglochin palustre);沼泽水湿植物有小灯心草(Juncus bufonius)、风花菜(Rorippa islandica);山地岩缝或沟谷中植物有节节草(Equisetum ramosissimum)、刺藜(Chenopodium aristatum)、杂配藜(Chenopodium hybridum)、毛萼麦瓶草(Silene repens)、地榆(Sanguisorba officinalis);草原或山地草原植物有金露梅(Potentilla fruticosa)、冷蒿(Artemisia frigida)、溚草(Koeleria cristata);荒漠草原或沙地植物有沙生冰草(Agropyron desertorum)、冠芒

草(Enneapogon borealis)等。

4)古北极(旧大陆温带)分布种

是欧亚大陆的温带、寒带广泛分布的植物种,乌拉特后旗有38种,占总种数的8.7%。山前农区和山后高平原区常见的有西伯利亚滨藜(Atriplex sibirica)、盐地碱蓬(Suaeda salsa)、砂引草(Messerschmidia sibilica var.angustior)、苍耳(Xanthium sibiricum)、大刺儿菜(Cirsium setosum)、乳苣(Mulgedium tataricum)和假苇拂子茅(Calamagrostis pseudophragmites)等;山区常见植物有麻叶荨麻(Urtica cannabina)、香青兰(Dracocephalum moldavica)和白莲蒿(sacrorum)等。

5)东古北级(温带亚洲)分布种

是旧大陆乌拉尔山以东亚洲温带地区分布的种,乌拉特后旗有69种,占总种数的15.8%。在北部高平原区经常可见到银灰旋花(Convolvulus ammannii)、栉叶蒿(Neopallasia pectinata)等; 在北部高平原区的季节性干河床中经常可见到粗大的家榆(Ulmus pumila);在狼山山地常见的有大果榆(Ulmus macrocarpa)、三裂绣线菊(Spiraea trilobata)、糙叶黄芪(Astragalus scaberrimus)和远志(Polygala tenuifolia)等;在狼山海拔较高(约海拔2000米以上)的山地草原可见到轮叶委陵菜(Potentilla verticillaris)、绢毛委陵菜(Potentilla sericea)、地蔷薇(Chamaerhodos erecta)和百里香(Thymus serpyllum var. mongolicus)等;在沼泽及浅水中生长的植物有水葫芦苗(Halerpestes sarmentosa)、黄戴戴(Halerpestes ruthenica)、灰脉苔草(Cares appendiculata)。**西伯利亚—东亚分布种**6种,常见的有黄花列当(Orobanche pycnostachya)、莳萝蒿(Artemisia anethoides)、野艾蒿(Artemisia lavandulaefolia)、华蒲公英(Taraxacum sinicum)、山苦荬(Ixeris chinensis)。**蒙古—东亚分布种**2种,常见的有苣荬菜(Sonchus arvensis),狭叶沙参(Adenophora gmelinii)是山地偶见种。**蒙古—华北分布种**有20种,北部高平原区常见的有白花黄芪(Astragalus galactites)、砂珍棘豆(Oxytropis gracilima)、红根补血草(Limonium erythrorhizum)、蒙古莸(Caryopteris mongholica)、小针茅(Stipa klemenzii)、沙芦草(Agropyron mongolicum)、狭叶锦鸡儿(Caragana stenophylla)、鳍蓟(Olgaea leucophylla)等;狼山山地常见的有石生齿缘草(Eritrichium rupestre)、贺兰韭(Allium eduardii)、蝟菊(Olgaea lomonosowii)、灌木铁线莲(Clematis fruticosa)、火烙草(Echinops przewalskii)和细茎黄鹌菜(Youngia tenuicaulis)等。

6)东亚分布种

是指大兴安岭南北山地、阴山山脉、贺兰山、横断山脉以东的亚洲东部地区分布的植物种,乌拉特后旗有17种,占总种数的3.9%。常见的有鹅绒藤(Cynanchum chinense)、车前(Plantago asiatica)、南牡蒿(Artemisa eriopoda),而中华卷柏(Selaginella sinensis)、银粉背蕨(Aleuritopteris argentea)、山杨(Populus davidiana)、小叶朴(Celtis bungeana)和蒙桑(Morus mongolica)等均为狼山山地偶见种。

东亚北部(东亚北或中国—日本)**分布种**是指大兴安岭山地、阴山山脉、贺兰山以东的亚洲东北部地区(包括俄罗斯远东地区、日本、朝鲜、我国东北和华北地区)分布的植物种,乌拉特后旗有2种,占总数的0.5%。常见的有杜松(Juniperus rigida),见于狼山山地。

华北—满洲分布种是指华北和满洲地区分布的植物,乌拉特后旗有6种(包括亚种及变种),占总种数的1.4%。主要有华虫实(Corispermum stauntonii)、东亚市藜(Chenopodium urbicum subsp. sinicum)、掌裂草葡萄(Ampelopsis aconitifolia var. glabra)、狭苞斑种草(Bothriospermum kusnezowii)、断穗狗尾草(Setaria arenaria)等,均为偶见种。

华北分布种是指以黄河流域为基本分布区，分布于辽宁南部、努鲁尔虎山、七老图山、燕山、苏木山、阴山以南，贺兰山、乌鞘岭、拉脊山以东，秦岭、淮河以北，东至渤海、黄海的广大地区，乌拉特后旗有19种，占总种数的4.3%，基本上都分布于狼山。常见的有旱榆(Ulmus glaucescens)、尖叶丝石竹(Gypsophila licentiana)、地黄(Rehmannia glutinosa)、鄂尔多斯小檗(Berberis caroli)、灰叶黄芪(Astragalus discolor)、甘肃黄芩(Scutellaria rehderiana)等。

此外，有**阴山**(包括大青山、蛮汗山、乌拉山)**分布种**1种：阴山蒲公英(Taraxacum yinshanicum)；有**阴山—贺兰山分布种**1种：术叶菊(Synotis atractylidifolia)。

华北—横断山脉(即中国—喜马拉雅)**分布种**是指分布在我国华北地区至横断山区的植物，乌拉特后旗有7种。常见的只有牛枝子(Lespedeza davurica var. potaninii)，而乌柳(Salix cheilophila)、木藤蓼(Polygonum aubertii)、铺散亚菊(Ajania khartensis)等均较少见。

7)古地中海分布种

是指从地中海向东，经欧洲东南部、西亚、中亚、亚洲中部，一直到内蒙古草原区，包括地中海常绿林区，亚非荒漠区及欧亚草原区，即整个古地中海干旱和半干旱区所分布的植物种。乌拉特后旗有39种，占总种数的8.9%。常见的木本植物有叉子圆柏(Sabina vulgaris)、木贼麻黄(Ephedra equisetina)、白刺(Nitraria tangutorum)、红柳(Tamarix ramosissima)、宁夏枸杞(Lycium barbarum)等；草本植物主要有盐爪爪(Kalidium foliatum)、雾冰藜(Bassia dasyphylla)、刺沙蓬(Salsola tragus)、驼绒藜(Krascheninnikovia ceratiodes)、锁阳(Cynomorium songaricum)、芨芨草(Achnatherum splendens)和白草(Pennisetum centrasiaticum)等。

8)中亚—亚洲中部分布种

是指中亚和亚洲中部地区的草原区和荒漠区分布的植物种。乌拉特后旗有5种，占总种数的1.1%，常见的有头花丝石竹(Gypsophilla capituliflora)、小叶金露梅(Potentilla parvifolia)、沙生针茅(Stipa glareosa)。**哈萨克斯坦—蒙古分布种**是指从哈萨克斯坦向东到蒙古高原、黄土高原、松辽平原及西伯利亚南部与东部草原区分布的植物种。乌拉特后旗有2种，包括阿尔泰地蔷薇(Chamaerhodos altaica)和北芸香(Haplophyllum dauricum)。

9)亚洲中部分布种

是指分布在新疆、甘肃、青海、内蒙古及蒙古的干旱与半干旱地区，包括戈壁荒漠区和蒙古高原、松辽平原及黄土高原的草原区的植物种。乌拉特后旗有16种，占总种数的3.7%，常见的有伏毛山莓草(Sibbaldia adpressa)、披针叶黄华(Thermopsis lanceolata)、苦马豆(Sphaerophysa salsula)、小叶忍冬(Lonicera microphylla)、钝萼繁缕(Stellaria amblyosepala)、短花针茅(Stipa breviflora)、灰绿黄堇(Corydalis adunca)和醉马草(Achnatherum inebrians)等。

蒙古分布种是指分布于蒙古高原草原区的植物种，乌拉特后旗有7种，主要有柄扁桃(Prunus pedunculata)、细弱黄芪(Astragalus miniatus)、沙地繁缕(Stellaria gypsophiloides)和阿拉善脓疮草(Panzeria lanata var. alaschanica)等。

戈壁—蒙古分布种是指亚洲中部戈壁荒漠区和荒漠化草原区分布的植物种，乌拉特后旗有58种，占总种数的13.3%。其中强旱生或旱生灌木和小灌木有沙拐枣(Calligonum mongolicum)、锐枝木蓼(Atraphaxis pungens)、沙木蓼(Atraphaxis bracteata)、红沙(Reaumuria soongorica)等;旱生和强旱生半灌木有珍珠猪毛菜(Salsola passerina)、尖叶盐爪爪(Kalidium cuspidatum)、细枝盐爪爪(Kalidium gracile)、刺叶柄棘豆(Oxytropis aciphylla)、中亚紫菀木(Asterothamnus centrali-asiaticus)、内蒙古旱蒿(Artemisia xerophytica)和刺旋花(Convolvulus tragacanthoides)等;旱生草木植物有蒙古虫实(Corispermum mongolicum)、蛛丝蓬(Micropeplis arachnoidea)、荒漠丝石竹(Gypsophila desertorum)、燥原荠(Ptilotricum canescens)、单叶黄芪(Astragalus efoliolatus)、卵果黄芪(Astragalus grubovii)、匍根骆驼蓬(Peganum nigellastrum)、沙茴香(Ferula bungeana)、黄花补血草(Limonium aureum)、蓼子朴(Inula salsaloides)、蓍状亚菊(Ajania achilloides)、灌木亚菊(Ajania fruticulosa)、紊蒿(Elachanthemum intricatum)、砂蓝刺头(Echinops gmelini)、蒙新苓菊(Jurinea mongolica)、头序鸦葱(Scorzonera capito)、戈壁针茅(Stipa gobica)、沙鞭(Psammochloa villosa)、无芒隐子草(Cleistogenes songorica)、蒙古韭(Allium mongolicum)、戈壁天门冬(Asparagus gobicus)和大苞鸢尾(Iris bungei)等。

此外,乌拉特后旗还有**东戈壁—阿拉善分布种**6种,包括绵刺(Potaninia mongolica)、短脚锦鸡儿(Caragana brachypoda)、垫状锦鸡儿(Caragana tibetica)、圆果黄芪(Astragalus junatovii)、小花兔黄芪(Astragalus laguroides var. micranthus)和革苞菊(Tugarinovia mongolica);**鄂尔多斯分布种**只有黑沙蒿(Artemisia ordosica)1种。

戈壁分布种是亚洲中部荒漠区(包括阿拉善、中央戈壁、河西走廊、柴达木、准噶尔、塔里木及蒙古境内的荒漠区)分布的植物种。乌拉特后旗有38种,占总种数的8.7%,其中超(强)旱生灌木或小灌木有膜果麻黄(Ephedra przewalskii)、梭梭(Haloxylon ammodendron)、短叶假木贼(Anabasis brevifolia)、松叶猪毛菜(Salsola laricifolia)、裸果木(Gymnocarpos przewalskii)、白皮锦鸡儿(Caragana leucophloea)、球果白刺(Nitraria sphaerocarpa)、霸王(Zygophyllum xanthoxylon)、截萼枸杞(Lycium truncatum);超(强)旱生或旱生半灌木有合头藜(Sympegma regelii)、鹰爪柴(Convolvulus gortschakovii)和白沙蒿(Artemisia sphaerocephala);强旱生或旱生草本植物有矮大黄(Rheum nanum)、碟果虫实(Corispermum patelliforme)、宽翅沙芥(Pugionium dolabratum)、白毛花旗竿(Dontostemon senilis)、蒙古雀儿豆(Chesneya mongolica)、变异黄芪(Astragalus variabilis)、了墩黄芪(Astragalus pavlovii)、细枝岩黄芪(Hedysarum scoparium)、石生霸王(Zygophyllum rosovii)、粗茎霸王(Zygophyllum loczyi)、大花霸王(Zygophyllum potaninii)、翼果霸王(Zygophyllum pterocarpum)、羊角子草(Cynanchum cathayense)、灰毛软紫草(Arnebia fimbriata)、短喙牻牛儿苗(Erodium tibetanum)、肉苁蓉(Cistanche deserticola)和灰白风毛菊(Saussurea cana)等。在戈壁分布种中,有**东戈壁**(包括蒙古的东戈壁、内蒙古的乌兰察布高原)**分布种**3种。它们是异叶棘豆(Oxytropis diversifolia)、狼山棘豆(Oxytropis langshanica)和乌拉特葱(Allium wulateicum)。

阿拉善戈壁荒漠分布种是指蒙古南部阿拉善戈壁、内蒙古的乌拉特后旗(包括狼山)、西鄂尔多斯(包括桌子山)、阿拉善左旗和右旗以及甘肃的河西走廊中东部地区分布的植物种。乌拉特后旗有蒙古扁桃(Prunus mongolica)、沙冬青(Ammpiptanthus mongolicus)、柴达木猪毛菜(Salsola zaidamica)、尤纳托夫小柱芥(Microstigma junatovii)4种。另有**东阿拉善**(包括内蒙古的乌拉特后旗、狼山)、**西鄂尔多斯**(包括桌子山、阿拉善左旗及河西走廊东部地区)**分布种**8种,即圆叶木蓼(Atraphaxis tortuosa)、骆驼蓬(Peganum harmala)、乌拉特葱(Allium wulateicum)、内蒙古西风芹(Seseli intramongolicum)、戈壁短舌菊(Brachanthemum gobicum)和阿拉善点地梅(Androsace alashanica),只在狼山分布的有2种,即狼山西风芹(Seseli langshanense)和微硬毛建草(Dracocephalum rigidulum)。**南阿拉善**

(是指阿拉善戈壁南部地区,包括阿拉善左旗和右旗的南部及河西走廊中东部地区)**分布种**,包括总序大黄(Rheum racemiferum)、二柱繁缕(Stellaria bistyla)、柠条锦鸡儿(Caragana korshinskii)和沙生鹤虱(Lappula deserticola)4个种。

10)外来入侵种

主要是指从国外侵入且在野外定居的植物种,乌拉特后旗有3种。从中美洲入侵的种有反枝苋(maranthus retroflexus)和曼陀罗(Datura stramonium);从地中海地区入侵的种有野燕麦(Avena fatua)。

3. 植物区系及地理分布的特点

乌拉特后旗位于中国典型荒漠的最东端,处于乌兰察布高原草原区向西阿拉善荒漠区的过渡地带,在北部高平原区的区系成分主要为典型的戈壁荒漠成分和古地中海成分,也渗入少量的草原区的植物种类。由于狼山和山前河套平原的存在,使得该旗植物区系更加丰富。其植被组成成分的区系特点和地理分布特征如下:

分布在北部高平原区的植物区系起源古老,地理成分比较单调,且均为超(强)旱生或旱生植物。我国古老属植物在乌拉特后旗分布的有裸果木属(Gymnocarpos)、白刺属(Nitraria)、麻黄属(Ephedra)、霸王属(Zygophyllum)、绵刺属(Potaninia)、革苞菊属(Tugarinovia)、沙冬青属(Ammopiptanthus)、梭梭属(Haloxylon)、红沙属(Reaumuria)和驼绒藜属(Krascheninnikovia)等。这些植物均以不同的方式适应干旱的气候条件,成为荒漠和半荒漠地区的主要建群种或优势种,且以灌木或半灌木为主。地理成分以戈壁—蒙古成分、戈壁成分和古地中海成分为主,虽然也有中亚—亚洲中部成分、亚洲中部成分、古北级成分及东古北级成分等草原成分渗入,但种类不多,且优势成分较少,大多为伴生成分。

狼山山区及河套平原区植物区系地理成分比较丰富。虽然乌拉特后旗地处荒漠、半荒漠地区,气候干旱不利于植物生存,但由于狼山起到了植物庇护所的作用,加之河套平原的水利灌溉条件,给植物生长创造了有利的生境。这两个区域仅占乌拉特后旗总面积16.4%,植物地理成分却非常丰富,除东戈壁—阿拉善成分及鄂尔多斯成分外,几乎包括了乌拉特后旗植物中的其他所有成分。这充分体现了狼山在与周边地区植物迁移交流过程中所起的重要作用。这一区域的植物多以旱生或旱中生草本植物为主,木本植物较少,乔木植物更为稀少。尽管该区域植物成分比较丰富,但很多植物种分布范围非常狭窄,种群数量很少,处于濒危状态。比较典型的有山杨(Populus davidiana)、中国黄花柳(Salix sinica)、乌柳(Salix cheilophila)、柳叶鼠李(Rhamnus erythroxylon)、小叶朴(Celtis bungeana)、蒙桑(Morus mongolica)、圆叶木蓼(Atraphaxis tortuosa)和歧伞獐牙菜(Swertia dichotoma)等。此外,还有许多偶见种,如溚草(Koeleria criseata)、刺叶小檗(Berberis sibirica)、地蔷薇(Chamaerhodos erecta)、裂叶堇菜(Viola dissecta)、野韭(Allium ramosum)、射干鸢尾(Iris dichotoma)和西山委陵菜(Potentilla sischanensis)等。

植被的组成成分以被子植物为主。从现已掌握的乌拉特后旗的植被组成来看,共有野生维管植物60科、223属、436种。其中蕨类植物4科、4属、4种,裸子植物2科、3属、5种,被子植物54科、216属、427种。被子植物分别占全部植物科、属、种的90%、96.9%和98%。这从另一个角度体现了乌拉特后旗干旱的气候环境。

单种科属较多,特有种较丰富。乌拉特后旗单种科有20个,占总科数的33.3%,其所含种数仅占总种数的4.6%;单种属有133个,占总属数的59.2%,占总种数的30.5%。另有阿拉善特有植物15种,狼山特有植物2种。

植物资源的经济评价

在已知的乌拉特后旗植物资源中，有许多可开发利用的植物种类。有药用的、园林观赏的、可作水土保持的以及供饲用的优良牧草等，以下分别进行介绍。

1. 药用植物资源

现已掌握的乌拉特后旗植物资源中，具有药用价值的植物有214种、6变种、1变型，其中人工栽培44种、1变种，野生植物170种、5变种、1变型，野生药用植物约占野生维管植物总数的39%(仅以种计算，不包括变种、变型)。主要有叉子圆柏、杜松、木贼麻黄、胡杨、乌柳、大果榆、蒙桑、马齿苋、银柴胡、鄂尔多斯小檗、水葫芦苗、黄戴戴、二裂委陵菜、蒙古扁桃、柄扁桃、苦豆子、沙冬青、中间锦鸡儿、砂珍棘豆、小果白刺、霸王、蒺藜、远志、酸枣、柽柳、锁阳、菟丝子、黄花软紫草、石生齿缘草、蒙古莸、阿拉善黄芩、香青兰、阿拉善脓疮草、宁夏枸杞、地黄、列当、肉苁蓉、车前、苍耳和还阳参等。

2. 园林观赏植物资源

园林观赏植物主要用于城市绿地、街道及公园绿化美化，也可用于道路两侧景观。乌拉特后旗共有野生园林观赏植物23种，占野生维管植物总数的5.2%。主要有叉子圆柏、圆叶木蓼、木藤蓼、灌木铁线莲、鄂尔多斯小檗、灰绿黄堇、三裂绣线菊、单瓣黄刺玫、蒙古扁桃、柄扁桃、沙冬青、狭叶锦鸡儿、红花海棉豆、刺叶柄棘豆、北芸香、细穗柽柳、黄花补血草、细枝补血草、蒙古莸、小叶忍冬、小甘菊、山丹、马蔺等。以上植物有些可直接育苗应用于生产，如：叉子圆柏、单瓣黄刺玫、蒙古扁桃、柄扁桃、沙冬青、马蔺等；有些还需经人工育苗和种植试验，待掌握其栽培技术后方可推广使用。

3. 水土保持植物资源

水土保持植物主要是用于荒漠、沙漠、山地等植被稀疏，且易被风力和水力侵蚀的地区，以防止和治理风蚀、水蚀，保护土地和植被的植物资源。其中木本植物有叉子圆柏、杜松、木贼麻黄、膜果麻黄、胡杨、山杨、中国黄花柳、乌柳、大果榆、旱榆、家榆、小叶朴、蒙桑、沙拐枣、锐枝木蓼、圆叶木蓼、沙木蓼、梭梭、驼绒藜、木本猪毛菜、松叶猪毛菜、合头草、灌木铁线莲、准噶尔铁线莲、鄂尔多斯小檗、三裂绣线菊、准噶尔栒子、单瓣黄刺玫、棉刺、小叶金露梅、蒙古扁桃、柄扁桃、沙冬青、狭叶锦鸡儿、柠条锦鸡儿、垫状锦鸡儿、刺叶柄棘豆、细枝岩黄芪、小果白刺、白刺、大白刺、霸王、酸枣、柳叶鼠李、红柳、柽柳、细穗柽柳、长穗柽柳、短穗柽柳、蒙古莸、截萼枸杞、宁夏枸杞和小叶忍冬等；草本植物有沙蓬、芨芨草、白沙蒿、沙鞭、赖草、短花针茅、小针茅、戈壁针茅、沙生针茅、蓼子朴和耆状亚菊等。

4. 食用植物资源

食用植物是指人类可食用其茎、叶、花、果实或种子用作食物、饮料、调味品的植物。乌拉特后旗有旱榆、家榆、蒙桑、麻叶荨麻、酸模叶蓼、西伯利亚蓼、地肤、沙蓬、菊叶香藜、尖头叶藜、反枝苋、马齿苋、宽翅沙芥、垂果大蒜芥、白刺、大白刺、酸枣、鹅绒委陵菜、地梢瓜、鹅绒藤、打碗花、薄荷、黑果枸杞、截萼枸杞、宁夏枸杞、车前、蒲公英、苣荬菜、乳苣、蒙古鸦葱、蒙古韭和碱韭等可食用植物。

5. 饲用植物资源

在现已掌握的乌拉特后旗野生维管植物中，只有饲用价值的植物有300多种，但大多数种类分布范围非常狭窄，种群数量很少，对牲畜放牧起不到多少作用。有一部分虽然可作饲料，但营养价值不高。常见的优良牧草主要有：麻叶荨麻、短叶假木贼、驼绒藜、珍珠猪毛菜、刺沙蓬、沙蓬、蒙古虫实、中亚虫实、短脚锦鸡儿、狭叶锦鸡儿、中间锦鸡儿、红柳、芨芨草、沙鞭、冠芒草、小画眉草、无芒隐子草、狗尾草、金色狗尾草、白草、蒙古韭、碱韭、芦苇、三芒草、沙生冰草、沙芦草、赖草、短花针茅、小针茅、沙生针茅、鹰爪柴、中亚紫菀木、蓍状亚菊、灌木亚菊、冷蒿和内蒙古旱蒿等。乌拉特后旗有大面积的山地短花针茅和戈壁针茅草原，分别构成以小针茅、中间锦鸡儿、碱韭和蓍状亚菊等为建群种或优势种的荒漠草原，以及分别以梭梭、短叶假木贼、霸王、绵刺和球果白刺等为建群种或优势种的荒漠草场和芨芨草草滩等。这些都是该区域内的优质草场。

6. 有毒植物

有毒植物为牲畜食用后有不同的中毒症状，食用过多可致牲畜死亡。乌拉特后旗主要有以下7种：变异黄芪、沙冬青、小花棘豆、乳浆大戟、葡根骆驼蓬、醉马草和臭草。此外，蒙古韭食用过多也会造成中毒。

7. 重点保护植物

7.1 国家重点保护野生植物

根据中华人民共和国《国家重点保护野生植物名录》，乌拉特后旗共有国家重点保护野生植物15种，其中国家一级保护植物3种，国家二级保护植物12种。15种重点保护植物中，2种是于1999年8月4日由国务院批准并由国家林业局和农业部发布，并于1999年9月9日起施行的第一批名录中公布的；12种是第二批名录(讨论稿)中的。这些植物名录如下：

第一批名录中乌拉特后旗国家重点保护野生植物：国家一级重点保护野生植物有革苞菊(Tugarinovia mongolica)、国家二级重点保护野生植物有沙芦草(Agropyron mongolicum)。

第二批名录(讨论稿)中乌拉特后旗国家重点保护野生植物：国家一级重点保护野生植物有裸果木(Gymnocarpos przewalskii)、绵刺(Potaninia mongolica)；国家二级重点保护野生植物有木贼麻黄(Ephedra equisetina)、草麻黄(Ephedra sinica)、梭梭(Haloxylon ammodendron)、戈壁短舌菊(Brachanthemum gobicum)、阿拉善鹅观草(Roegneria alashanice)、沙冬青(Ammopiptanthus mongolicus)、甘草(Glycyrrhiza uralensis)、肉苁蓉(Cistanche deserticola)、沙拐枣(Calligonum mongolicum)和蒙古扁桃(Prunus mongolica)。

7.2 内蒙古自治区重点保护野生植物

根据内蒙古自治区人民政府于2009年7月30日批准8月20日实施的《内蒙古重点保护草原野生植物名录》，乌拉特后旗分布的内蒙古自治区重点保护野生植物有35种,分别是(与国家级重点保护植物重复的不再列举):圆叶木蓼(Atraphaxis tortuosa)、沙木蓼(Atraphaxis bracteata)、短叶假木贼(Auabasis brevifolia)、银柴胡(Stellaria dichotoma var. linearis)、灌木铁线莲(Clematis fruticosa)、鄂尔多斯小檗(Berberis caroli)、小叶金露梅(Potentilla parvifolia)、柄扁桃(Prunus pedunculata)、苦豆子(Sophora alopecuroides)、红花海绵豆(Spongiocarpella grubovii)、蒙古雀儿豆(Chesneya mongolica)、粗壮黄芪(Astragalus hoantchy)、白刺(Nitraria tangutorum)、霸王(Zygophyllum xanthoxylum)、远志(Polygala tenuifolia)、锁阳(Cynomorium songaricum)、内蒙古西风芹(Seseli intramongolicum)、阿拉善点地梅(Androsace alaschanica)、黄花补血草(Limonium aureum)、达乌里龙胆(Gentiana dahurica)、蒙古莸(Caryopteris mongholica)、甘肃黄芩(Scutellaria rehderiana)、微硬毛建草(Dracocephalum rigidulum)、细叶益母草(Leonurus sibiricus)、阿拉善脓疮草(Panzeria lanata var. alaschanica)、薄荷(Mentha haplocalyx)、黑果枸杞(Lycium ruthenicum)、黄花列当(Orobanche pycnostachya)、盐生肉苁蓉(Cistanche salsa)、沙苁蓉(Cistanche sinensis)、狭叶沙参(Adenophora gmelinii)、蝟菊(Olgaea lomonosowii)、蒙新苓菊(Jurinea mongolica)、山丹(Lilium pumilum)和蒙古葱(Allium mongolicum)。

根据赵一之先生主编的《内蒙古珍稀频危植物图谱》介绍,乌拉特后旗分布的野生植物中,胡杨(Populus euphratica)也属于内蒙古重点保护植物。

8. 建议应列入保护的植物(或植被)

除了国家和自治区重点保护的植物外,乌拉特后旗应当将以下植物作为重点进行保护:叉子圆柏、杜松、山杨、乌柳、中国黄花柳、大果榆、旱榆、小叶朴、蒙桑、酸枣、锐枝木蓼、柳叶鼠李、小叶忍冬、狭叶锦鸡儿、垫状锦鸡儿和柠条锦鸡儿等。特别是叉子圆柏在狼山有大面积分布，柠条锦鸡儿在北部高平原区有大面积分布，在山前冲积扇和罕乌拉山谷中也有断续的连片分布，这些可以划定自然保护区进行重点保护。狼山山地植物种类丰富，可以划定一个较大的自然保护区进行综合保护。另外，山后高平原区分布的稀疏家榆，大多数树龄都超过了百年，有的达450年以上。对这些古榆树应进行一次系统调查，以株编号建档，定期监测记录，采取措施进行保护。

神奇的植物宝藏之地——乌拉特后旗

The plants illustrated guide of Wulatehougi

蕨类植物门

中华卷柏 *Selaginella sinensis (Desv.) Spr.*

节节草 *Equisetum ramosissimum Desf*

银粉背蕨 *Aleuritopteris argentea(Gmel.) Fee*

北京铁角蕨 *Asplenium pekinense Hance*

卷柏科 Selaginellaceae

卷柏属 Selaginella Spring

中华卷柏 Selaginella sinensis (Desv.) Spr.

蒙古名：囊给得–麻特日音–好木苏

多年生中生草本。生于石质山坡,见于狼山山地岩缝中。全草入药,能凉血、止血,主治咯血、吐血、衄血、尿血。

木贼科 Equisetaceae

木贼属 Equisetum L.

节节草 Equisetum ramosissimum Desf

蒙古名:萨格拉嘎日–西伯里

别　名:土麻黄、草麻黄

多年生中生草本。生于沙地、草原,偶见于乌拉特后旗狼山山地岩缝中。全草入药,主治尿路感染、肾炎、肝炎、祛痰。

中国蕨科 Sinopteridaceae

粉背蕨属 Aleuritopteris Fee

银粉背蕨 Aleuritopteris argentea(Gmel.) Fee

蒙古名:孟棍-奥衣麻

别　名:五角叶粉背蕨

旱生小型草本。生于石缝中,偶见于乌拉特后旗狼山山地。

铁角蕨科 Aspleniaceae

铁角蕨属 Asplenium L.

北京铁角蕨 Asplenium pekinense Hance

蒙古名：乌如纳音-奥衣麻混那

低矮中生草本。生于山谷石缝中,偶见于乌拉特后旗狼山西乌盖沟。全草入药,能化痰止咳、利膈、止血,主治感冒咳嗽、肺结核、外伤出血。

神奇的植物宝藏之地——乌拉特后旗
The plants illustrated guide of Wulatehougi

裸子植物门

白扦 *Picea meyeri Rehd. et Wils.*

油松 *Pinus tabuliformis Carr.*

樟子松(变种) *Pinus sylvestris L. Var. mongolica Litr.*

侧柏 *Platycladus orientalis (L.) Franco*

圆柏 *Sabina chinensis (L.) Ant.*

叉子圆柏 *Sabina vulgaris Ant.*

杜松 *Juniperus rigida Sieb. et Zucc.*

草麻黄 *Ephedra sinica Stapf*

木贼麻黄 *Ephedra equisetina Bunge*

膜果麻黄 *Ephedra przewalskii Stapf*

松科 Pinaceae

云杉属 Picea Dietr.

白扦 Picea meyeri Rehd. et Wils.

蒙古名：查干–嘎楚日

别　名：红扦

中生常绿乔木。乌拉特后旗有栽培。木材可供建筑、家具等用材；可作为荒山造林或园林绿化树种。

松属Pinus L.

油松Pinus tabuliformis Carr.

蒙古名：那日苏

别　名：短叶松

中生常绿乔木。乌拉特后旗有栽培，但表现不佳。木材可供建筑、桥梁、家具、造纸等。瘤状节或支枝节入药，主治关节疼痛、屈伸不利。花粉入药，主治黄水疮、皮肤湿疹、婴儿尿布性皮炎。松针入药，主治风湿痿痹、跌打损伤、失眠、浮肿、湿疹、疥癣，并能防治流脑、流感。球果入药，主治慢性气管炎、哮喘。

樟子松(变种)Pinus sylvestris L . var. mongolica Litv.

蒙古名:海拉尔–那日苏

别　名:海拉尔松

中生常绿乔木。乌拉特后旗有栽培,用途同油松。属阳性树种,耐寒性、抗旱性强,适应性广,为旱地造林及园林绿化的主要树种。该种为内蒙古重点保护植物。

柏科 Cupressaceae

侧柏属 Platycladus Spach

侧柏 Platycladus orientalis（L.）Franco

蒙古名：哈布他盖–阿日查

别　名：香柏、柏树

中生常绿乔木。乌拉特后旗有栽培。木材有香气，可供建筑、造船、桥梁、家具、雕刻等用材。常作园林绿化树种。种子入药，主治神经衰弱、心悸、失眠、便秘。叶和果实入蒙药，主治肾与膀胱热、尿闭、发症、风湿性关节炎、痛风、游痛症。枝叶入药，主治咯血、衄血、痰中带血、尿血、便血、崩漏。

圆柏属Sabina Mill

圆柏Sabina chinensis(L.) Ant.

蒙古名:乌日和-阿日查

别　名:桧柏

中生常绿乔木。乌拉特后旗有栽培。木材有香气,可供建筑、家具、工艺品等用材,树根、枝叶可提取柏木脑及柏木油,种子可提制润滑油。常用作园林绿化树种。枝叶入药,能祛风散寒、活血解毒,主治风寒感冒、风湿关节痛、荨麻疹、肿毒初起。叶入蒙药,功能、主治同侧柏。

叉子圆柏 Sabina vulgaris Ant.

蒙古名:好宁-阿日查

别　名:沙地柏、臭柏

旱中生常绿匍匐灌木。生于山地或固定沙丘上,见于乌拉特后旗狼山海拔1800米以上的山坡上。耐寒性强,可作水土保持或固沙造林树种。枝叶入药,能祛风湿、活血止痛,主治风湿性关节炎、类风湿关节炎、布氏杆菌病、皮肤瘙痒。叶入蒙药,功能、主治同侧柏。

刺柏属Juniperus L.

杜松Juniperus rigida Sieb. et Zucc.

蒙古名：乌日格苏图–阿日查

别　名：崩松、刚桧

旱中生常绿小乔木或灌木。生于海拔1400~2200米山地的阳坡或半阳坡，干燥岩石裸露的山顶或山坡的石缝中，见于乌拉特后旗狼山山地。木材可供雕刻、家具等用材。为常见园林绿化树种。果实入药，能发汗、利尿、镇痛，主治风湿性关节炎、尿路感染、布氏杆菌病。叶、果实入蒙药，功能、主治同侧柏。

麻黄科 Ephedraceae

麻黄属 Ephedra L.

草麻黄 Ephedra sinica Stapf

蒙古名：哲格日根讷

别　名：麻黄

草本状旱生灌木。生于丘陵坡地、平原、砂地，为石质和沙质草原的伴生种。偶见于乌拉特后旗狼山山地岩缝中。茎入药，能发汗、散寒、平喘、利尿，主治风寒感冒、喘咳、哮喘、支气管炎、水肿。根入药，能止汗，主治自汗、盗汗。茎也入蒙药，能发汗、清肝、化痞、消肿、治伤、止血，主治黄疸性肝炎、创伤出血、子宫出血、吐血、便血、咯血、搏热、劳热、内伤。属国家二级重点保护植物。

木贼麻黄 Ephedra equisetina Bunge

蒙古名：哈日－哲格日根讷

别　名：山麻黄

旱生直立灌木。生于干旱与半干旱地区的山顶、山谷、丘陵坡地及砾石滩地。见于乌拉特后旗狼山山地及其北部的低山丘陵区。茎入药，也入蒙药(蒙药名：哈日－哲日根)，功能、主治同草麻黄。可作为固沙造林灌木树种。属国家二级重点保护植物。

膜果麻黄 Ephedra przewalskii Stapf

蒙古名:协日–哲格日根讷

别　名:勃氏麻黄

超旱生灌木。常生于石质荒漠、石质残丘上和沙漠地区,见于乌拉特后旗北部中蒙边境线一带,有时在季节性河床两侧形成大面积群落。可作固沙树种。

被子植物门

双子叶植物纲

杨柳科 Salicaceae

杨属 Populus L.

胡杨 Populus euphratica Oliv.

蒙古名：图日爱-奥力牙苏

别　名：胡桐

潜水旱中生——中生乔木。喜生盐碱土壤，主要生于荒漠区的河流沿岸及盐碱湖。见于乌拉特后旗霍各琦苏木的北部及巴音前达门苏木的巴音查干。胡杨树脂（胡桐碱）入药，能清热解毒、制酸、止痛，主治牙痛、咽喉肿痛等。木材可作家具、建房和燃料。该种为内蒙古重点保护植物。

银白杨 Populus alba L.

蒙古名：孟棍–奥力牙苏

乔木。乌拉特后旗巴音镇有少量栽培。木材可供建筑、器具、造纸等。耐寒性强，可作绿化或水土保持树种。

新疆杨(变种)Populus alba L. var. pyramidalis Bunge

蒙古名:新疆–奥力牙苏

乔木。乌拉特后旗栽培广泛,用途同银白杨。其与正种银白杨的区别为:树冠圆柱形,叶基部截形,长枝叶深裂,叶先端尖,树皮灰绿色。

河北杨 Populus hopeiensis Hu et Chow

蒙古名：河北－奥力牙苏

别　名：椴杨、串杨

中生乔木。乌拉特后旗巴音镇少量栽培。木材供建筑、家具等用。因树形优美，常用于城镇及道路绿化。

山杨 Populus davidiana Dode

蒙古名:阿吉拉音-奥力牙苏

别　名:火杨

中生乔木。生于山地阳坡或半阳坡,见于乌拉特后旗狼山山地。树皮可入蒙药(蒙药名:奥力牙苏),主治肺脓肿。木材可作造纸原料、火柴杆、民用建筑用材等。

加拿大杨 Populus x canadensis Moench.

蒙古名：卡那达–奥力牙苏

别　名：加杨

乔木。乌拉特后旗有少量栽培。木材可供造船、造纸、火柴杆等。可作行道树等。

箭杆杨(变种)Populus nigra L. var. thevestina (Dode) Bean.

蒙古名:少拉登-奥力牙苏

别　名:电杆杨

乔木。乌拉特后旗有少量栽培。木材可作板材或民用建筑用材等,可用于防护林造林树种。

小叶杨 Populus simonii Carr.

蒙古名:宝日-毛都

别　名:明杨

乔木。乌拉特后旗包尔汉图水库有栽培。木材坚硬,可供民用建筑。根皮入蒙药(蒙药名:宝日-奥力牙苏),能排脓,主治肺脓肿。

柳属 Salix L.

垂柳 Salix babylonica L.

蒙古名：温吉给日-奥答

乔木，喜光，喜水湿。乌拉特后旗各地均有大量栽培。木材供家具及造纸等用。枝条入药，能祛风、利尿、止痛、消肿，主治风湿痹痛、淋痛、小便不通、丹毒等。为城镇、园林绿化的优良树种。

朝鲜柳 Salix koreensis Anderss

蒙古名:苏龙-嗅答

中生乔木。乌拉特后旗巴音镇有栽培。木材供建筑、造纸等用,枝条可供编织,为绿化树种。

旱柳 Salix matsudana Koidz.

蒙古名：噢答

别　名：河柳、羊角柳、白皮柳

中生乔木，乌拉特后旗城镇及农村普遍栽培，抗寒、喜光、喜湿润。木材可供建筑、家具、矿柱等用，枝条供编织，为常见绿化树种。

馒头柳(栽培变种) Salix matsudana Koidz f.umbraculifera Rehd.

中生乔木,乌拉特后旗栽培作行道或园林绿化树种。

中国黄花柳Salix sinica (Hao) Wang et C.F.Fsng

蒙古名：囊给得–衣麻干–巴日嘎苏

中生灌木或小乔木，生于山坡林缘及沟边，见于乌拉特后旗狼山，为水土保持树种。

乌柳 Salix cheilophila Schneid.

蒙古名:巴日嘎苏

别　名:筐柳、沙柳

湿中生灌木或小乔木,生于河流、溪沟两岸及沙丘间低湿地,见于乌拉特后旗狼山山地。枝叶入药,能解表祛风。用于麻疹初期,斑疹不透、皮肤瘙痒及慢性风疹。枝条供编织用。为护堤、固沙树种。

筐柳 Salix linearistipularis(Franch.) Hao

蒙古名：呼崩特–巴日嘎苏

别　名：棉花柳、白箕柳、蒙古柳

中生灌木，生山地、河流、沟塘边及草原地带的丘间低地，乌拉特后旗呼和温都尔镇有栽培。枝条细长、柔软，可供编筐、篓等用。

榆科 Ulmaceae

榆属 Ulmus L.

大果榆 Ulmus macrocarpa Hance

蒙古名：得力图

别　名：黄榆、蒙古黄榆

旱中生乔木或灌木，生于山地、沟谷及固定沙地。乌拉特后旗狼山山地有零散分布。其木材坚硬，可作各种用具。果实可制成中药材"芜荑"，能杀虫，消积，主治虫积腹痛、小儿疳泻、冷痢、疥癣、恶疮。也可做水土保持树种。

家榆 Ulmus pumila L.

蒙古名：海拉苏

别　名：白榆、榆树

旱中生乔木，乌拉特后旗狼山以北的沟谷及干河床中有天然散生分布，农区及城镇有大量栽培。干旱地区的优良造林树种。木材供建筑、家具等用。树皮入药，能利水、通淋、消肿，主治小便不通、水肿等。叶和果实为优良饲料。

垂枝榆(栽培变种)Ulmus pumila L. cv. pendula

蒙古名:温吉给日–海拉苏

别　名:垂榆、倒榆

小枝弯曲下垂,树冠呈伞状。乌拉特后旗有栽培,为园林观赏树种。

金叶榆(栽培变种)Ulmus pumila L. cv. jinye

别　名:中华金叶榆

树叶金黄色,观赏性强,用于道路及园林绿化。乌拉特后旗有栽培。

旱榆 Ulmus glaucescens Franch.

蒙古名:柴布日–海拉苏

别　名:灰榆、山榆

旱生乔木或灌木,生于山坡、山麓及沟谷等地。乌拉特后旗狼山山地生长较多。木材可做家具。叶及果实可作为饲料。

朴属 Celtis L.

小叶朴 Celtis bungeana Bl.

蒙古名：好特古日

别　名：朴树、黑弹树

中生乔木，生于向阳山地，偶见于乌拉特后旗狼山。树干、树皮及枝条入药，能止咳、祛痰，主治慢性气管炎。

桑科 Moraceae

桑属 Morus L.

蒙桑 Morus mongolica Schneid.

蒙古名:蒙古栎-衣拉马

别　名:刺叶桑、崖桑

中生灌木或小乔木,生于向阳山坡、沟谷或疏林中,偶见于乌拉特后旗狼山。根皮、果实入蒙药,功能、主治同桑,也可供酿酒。叶不饲蚕。

葎草属Humulus L.

啤酒花Humulus lupulus L.

蒙古名:啤酒音-朱日给

别　名:忽布

多年生缠绕草本。乌拉特后旗有少量栽培。茎皮可造纸,未经授粉的雌花用于啤酒酿造。雌花含蛇麻腺,为健胃、镇静、利尿药,用于不眠症、膀胱炎等。由啤酒花提取的浸膏,能抗菌消炎,用于肺结核、结核性胸膜炎、麻风等。

大麻属 Cannabis L.

大麻 Cannabis sativa L.

蒙古名：敖鲁苏

别　名：火麻、线麻

一年生中生草本，属栽培植物，乌拉特后旗农区有逸出。种仁入药（药材名：火麻仁），用于肠燥便秘。也入蒙药（蒙药名：敖老森-乌日），主治便秘、痛风、游痛症、关节炎、淋巴腺肿、黄水疮。

荨麻科 Urticaceae

荨麻属 Urtica L.

麻叶荨麻 Urtica cannabina L.

蒙古名：哈拉盖

别　名：焮麻

多年生中生草本，生于山地坡麓、沟谷及河床边缘，也见于冲积扇的农田沟渠 、田埂、路旁及居民点附近，乌拉特后旗狼山分布较广。全草入药，主治风湿、胃寒、糖尿病、痞症、产后抽风、小儿惊风、荨麻疹，也能解虫蛇咬伤之毒等。全草入蒙药，主治腰腿及关节疼痛、虫咬伤。茎叶可作蔬菜食用。

蓼科 Polygonaceae

大黄属 Rheum L.

总序大黄 Rheum racemiferum Maxim.

蒙古名:查楚格–给西古纳

多年生中旱生草本。散生于山地石质山坡、碎石坡麓和岩石缝隙中。常见于乌拉特后旗狼山山地。

矮大黄 Rheum nanum Siewers

蒙古名:巴吉吉纳

多年生旱生草本,多散生于荒漠及荒漠草原地带的低湿洼地,也见于坡麓地带,分布于乌拉特后旗北部及西北部。

酸模属 Rumex L.

巴天酸模 Rumex patientia L.

蒙古名:乌和日-爱日干纳

别　名:山荞麦、羊蹄叶、牛西西

多年生中生草本,生长于农区的田边、路边、荒地等处,见于乌拉特后旗山前农区。根入药,主治功能性出血、吐血、咯血、鼻衄、牙龈出血、胃及十二指肠出血、便血、紫癜、便秘、水肿。外用治疥癣、疮疖、脂溢性皮炎。根也入蒙药,主治“粘”疫、痧疾、丹毒、乳腺炎、腮腺炎、骨折、金伤。

长刺酸模 Rumex maritimus L.

蒙古名：麻日斥乃-爱日干纳

一年生耐盐中生草本，生长于河流沿岸及湖滨盐化低地，见于乌拉特后旗巴音镇。全草入药，能杀虫、清热、凉血，主治痈疮肿痛、秃疮、疥癣、跌打肿痛。

沙拐枣属Calligonum L.

沙拐枣Calligonum mongolicum Turcz.

蒙古名:淘存-淘日乐格

别　名:蒙古沙拐枣

沙生强旱生灌木,生长于荒漠及荒漠草原地带的沙地、覆沙戈壁、砂砾质坡地和干河床上,分布于乌拉特后旗的西北部及北部,可作固沙植物。为优等饲用植物。根及带果全株入药,治小便浑浊、皮肤皲裂。属国家二级重点保护植物。

阿拉善沙拐枣Calligonum alaschanicum A. Los

蒙古名:阿拉善-淘日乐格

沙生强旱生灌木。生长于典型的荒漠带流动、半流动沙丘和覆沙戈壁上,多散生在沙质荒漠群落中。乌拉特后旗呼和温都尔镇有栽培,用于防风固沙。用途同沙拐枣。

木蓼属 Atraphaxis L

锐枝木蓼 Atraphaxis pungens (M.B.) Jaub.

蒙古名:哈日麻格–额木根–希力毕

别　名:刺针枝蓼

旱生小灌木,生于荒漠草原和荒漠带的石质、砂砾质丘陵坡地、河谷、阶地、戈壁或固定沙地,见于乌拉特后旗狼山以北地区。可作固沙植物。为骆驼的优良饲用植物。

圆叶木蓼 Atraphaxis tortuosa A. Los.

蒙古名：道古日格–额木根–希力毕

石生旱生小灌木。生于荒漠草原的石质低山丘陵。见于乌拉特后旗狼山山地，常生于峭壁上。该种为内蒙古重点保护植物。

沙木蓼 Atraphaxis bracteata A. Los.

蒙古名：额木根–希力毕

沙生旱生灌木，生于流动、半流动沙丘中下部、覆沙戈壁及干河床中，见于乌拉特后旗中北部地区。可作固沙植物，也是良等饲用植物。该种为内蒙古重点保护植物。

狭叶沙木蓼(变种)Atraphaxis bracteata A. Los.var.angustifolia A. Los.

蒙古名:那林-额木根-希力毕

沙生旱生灌木,生于流动沙丘上,见于乌拉特后旗西北部。用途同正种。

蓼属 Polygonum L.

萹蓄 Polygonum aviculare L.

蒙古名：布敦纳音–苏勒

别　名：萹竹竹、异叶蓼

一年生中生草本，生于田野、路旁、河边湿地等处，为常见农田杂草，见于全旗各地。全草入药，主治热淋、黄疸、疥癣、湿痒、女子阴痒、阴疮、阴道滴虫。为优等饲用植物。

荭草 Polygonum orientale L.

蒙古名：乌兰-呼恩底

别　名：东方蓼、红蓼、水红花

一年生中生高大草本，多栽培，乌拉特后旗偶有逸出。果实及全草入药，果实（药材名：水红花子），主治胃痛、腹胀、脾肿大、肝硬化腹水、颈淋巴结结核。全草能祛风利湿、活血止痛，主治风湿性关节炎。

柳叶刺蓼 Polygonum bungeanum Turcz.

蒙古文：乌日格斯图-塔日纳

别　名：本氏蓼

一年生中生草本，常散生于夏绿阔叶林区和草原区的沙质地、田边和路旁湿地，偶见于乌拉特后旗巴音镇。

酸模叶蓼 Polygonum lapathifolium L.

蒙古名：好日根–希没乐得格

别　名：旱苗蓼、大马蓼

一年生中生草本，生于低湿草甸及沟渠中，见于乌拉特后旗山前农区、狼山沟谷中及山后红旗水库。果实可作“水红花子”入药。全草入蒙药，能利尿、消肿、祛“协日乌素”、止痛、止吐，主治“协日乌素”病、关节痛、疥、脓疱疮。

西伯利亚蓼 Polygonum sibiricum Laxm

蒙古名：西伯日-希没乐得格

别　名：剪刀股、醋柳

多年生耐盐中生草本，生于盐化草甸、盐湿低地，也见于路旁、田野，为农田杂草，见于乌拉特后旗山前农区。为中等饲用植物。根入药，可治水肿。

木藤蓼 Polygonum aubertii L.

蒙古名：藤斯力格-希没乐得格

别　名：鹿挂面

多年生中生藤本或半灌木，见于乌拉特后旗巴音镇及呼和镇呼和嘎查。块根入药，能清热解毒，调经止血，主治痢疾、消化不良、胃痛、崩漏、月经不调。外用治疔疮初起，外伤出血。

藜科 Chenopodiaceae

假木贼属 Anabasis L.

短叶假木贼 brevifolia C.A.Mey.

蒙古名:巴嘎乐乌日

别　名:鸡爪柴

强旱生荒漠小半灌木,生于荒漠及荒漠草原带的石质山丘,粘质或粘壤质台地或坡麓,见于乌拉特后旗中部及北部地区。骆驼、马、牛喜食。为内蒙古重点保护植物。

梭梭属Haloxylon Bunge

梭梭Haloxylon ammodendron (C .A .Mey.) Bunge

蒙古名：札格

别　名：琐琐、梭梭柴

强旱生盐生灌木或乔木，生于荒漠区的湖盆低地、砾石戈壁以及干河床两侧。见于乌拉特后旗西北部和北部，山前沙漠区有栽培。为优良固沙植物。木材作燃料等用。冬春季骆驼喜食。为肉苁蓉的寄主。属于国家二级重点保护植物。

驼绒藜属 Krascheninnikovia Gueld.

驼绒藜 Krascheninnikovia ceratiodes (L.)Gueldestaedt

蒙古名:特斯格

别　名:优若藜

强旱生半灌木,生于荒漠草原和荒漠区的沙漠、砂砾质土壤,见于乌拉特后旗狼山北部荒漠草原和荒漠区。为优等饲用植物。花入药,治气管炎、肺结核。

猪毛菜属Salsola L.

珍珠猪毛菜Salsola passerina Bunge

蒙古名:保日–保得日干纳

别　名:珍珠柴、雀猪毛菜

超旱生半灌木,生于荒漠草原及荒漠区的砾石质、砂砾质戈壁、盐碱湖盆地或粘土壤。见于乌拉特后旗狼山山前阳坡及山后广大地区。常与红沙伴生,为良等饲用植物。

木本猪毛菜 Salsola arbuscula Pall.

蒙古名:查干-保得日干纳

别　名:白木猪毛菜、灌木猪毛菜

超旱生灌木,多见于覆沙戈壁和干河床内,乌拉特后旗见于狼山山地,为中等饲用植物。

松叶猪毛菜 Salsola laricifolia Turcz.

蒙古名：扎格萨嘎拉

强旱生小灌木，生于石质低山残丘或石质、砾石质荒漠，见于乌拉特后旗除山前农区及沙区以外的地区。为中等饲用植物。

猪毛菜 Salsola collina Pall.

蒙古名:哈木呼乐

别　名:山叉明棵、札蓬棵、沙蓬

一年生旱中生草本,生于砂质或砂砾质土壤上,见于乌拉特后旗狼山南部低山丘陵区。为良好饲用植物。全草入药,能清热凉血、降血压,主治高血压。

柴达木猪毛菜Salsola zaidamica Iljin

蒙古名：柴达木音-哈米呼乐

一年生强旱生草本，生于荒漠区沙地上，见于乌拉特后旗西北部。为良等饲用植物。全草入药，能清热凉血、降血压，主治高血压。

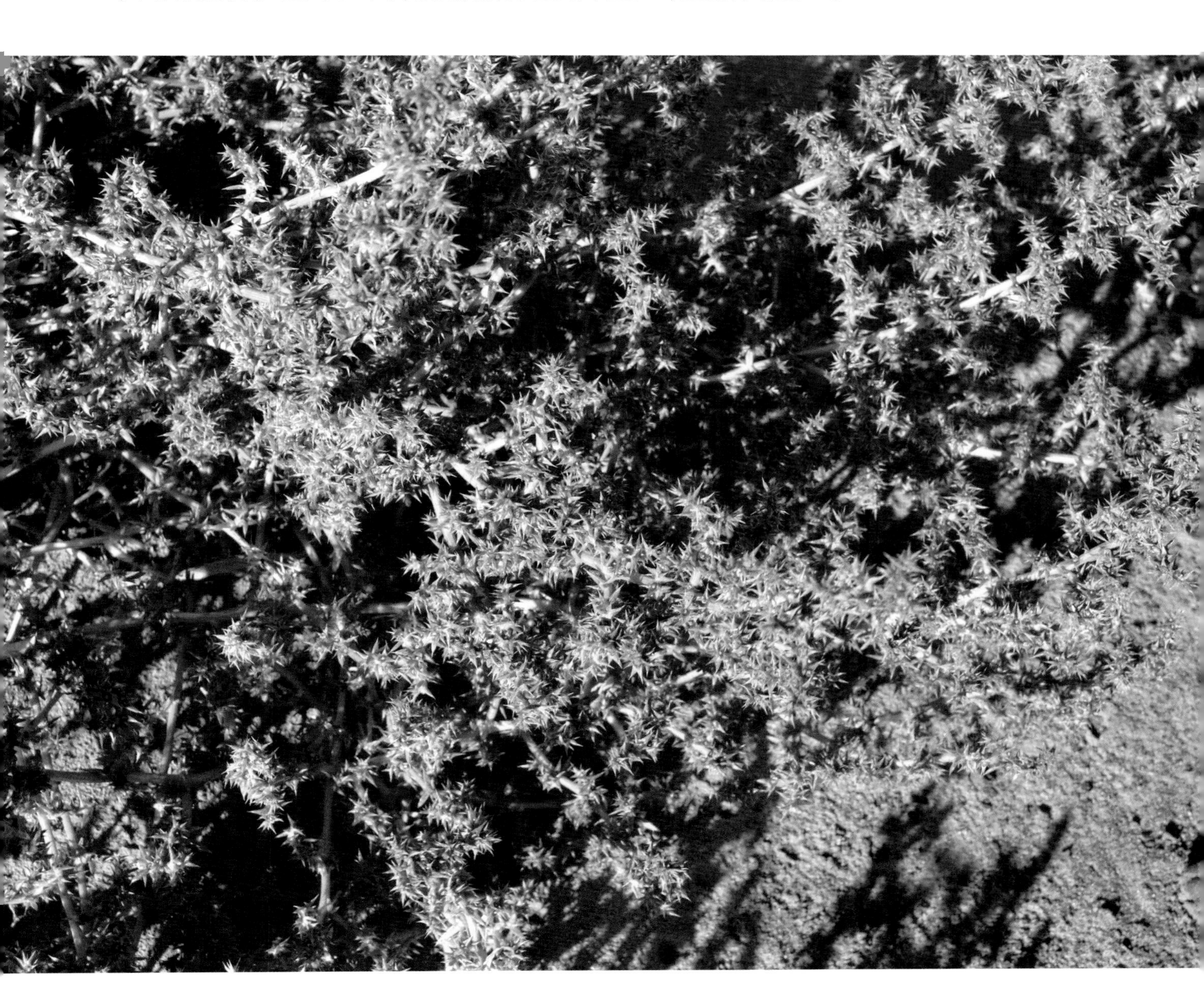

薄翅猪毛菜 Salsola pellucida Litw

别　名：戈壁沙蓬、戈壁猪毛菜

一年生强旱生草本，生于荒漠区沙地或覆沙戈壁上，见于乌拉特后旗西部及西北部。

刺沙蓬 Salsola pestifer A.Nelson.

蒙古名：乌日格斯图-哈木呼乐

别　名：沙蓬、苏联猪毛菜

一年生草本，生于砂质或砂砾质土壤上，见于乌拉特后旗各地。

地肤属Kochia Roth

木地肤Kochia prostrata (L.)Schrad.

蒙古名:道格特日嘎纳

别　名:伏地肤

旱生小半灌木,多生于草原区和荒漠区东部的粟钙土和棕钙土上,乌拉特后旗见于狼山浩日格地区。为优等饲用植物。

黑翅地肤Kochia melanoptera Bunge

蒙古名:楚乐音-道格特日嘎纳

一年生旱中生草本,耐盐碱。广泛生于荒漠草原和荒漠区的砾石质或黏壤质土壤上,散生或群聚,偶见于乌拉特后旗巴音高勒水库。

地肤Kochia scoparia(L.) Schrad.

蒙古名：疏日–诺高

别　名：扫帚菜

一年生中生草本，多见于撂荒地、农田、路旁、村边，乌拉特后旗各地均见。嫩茎叶可供食用。果实及全草入药，主治尿痛、尿急、小便不利、皮肤瘙痒。外用治皮癣及阴囊湿疹。

合头藜属Sympegma Bunge

合头藜Sympegma regelii Bunge

蒙古名：哈日-图乐

别　名：列氏合头草、黑柴

强旱生小半灌木或半灌木，生于荒漠区的石质山坡或土质低山丘陵坡地，见于乌拉特后旗除山前农区及沙区以外的地区。为中等饲用植物，只有骆驼采食。

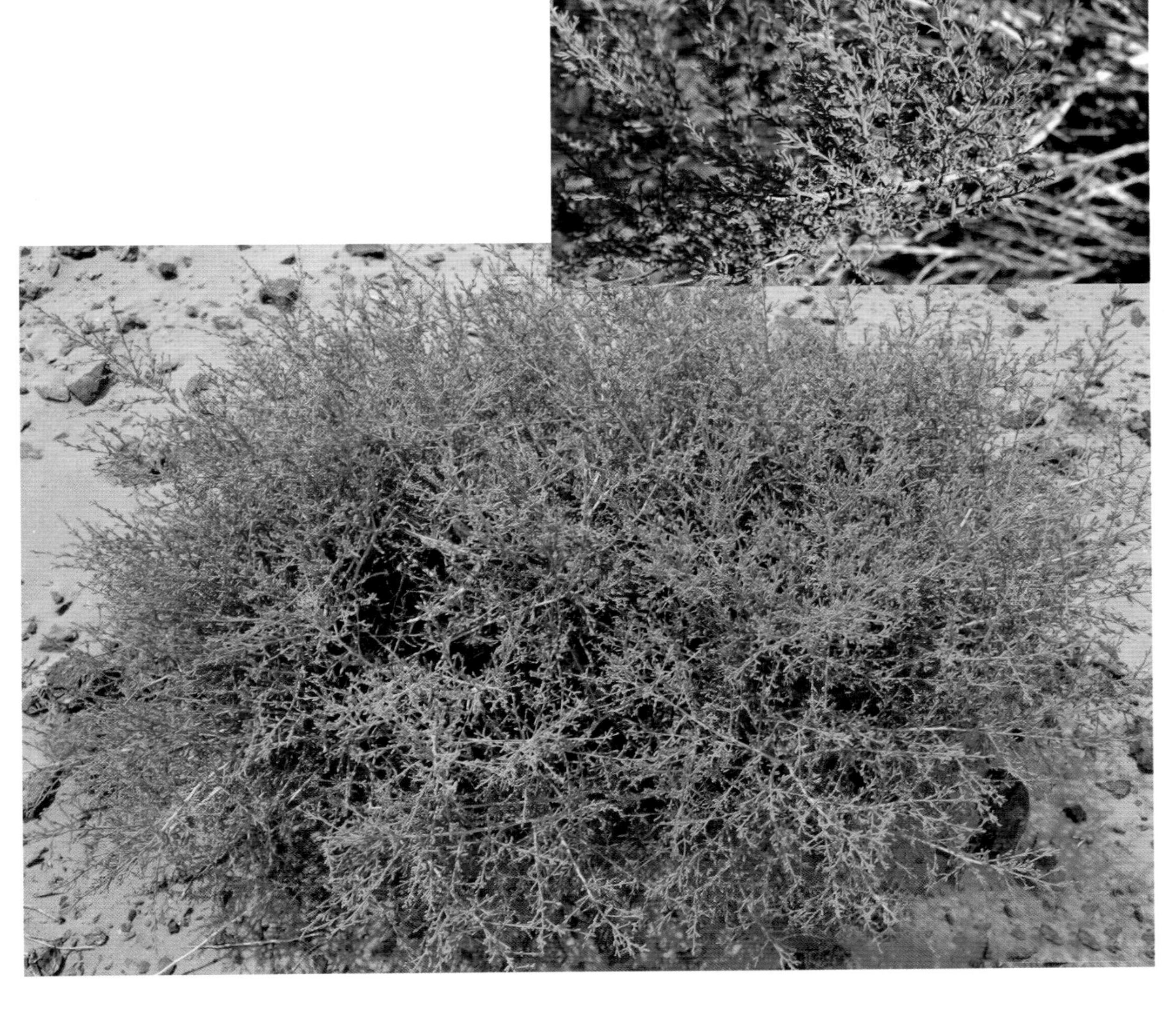

盐爪爪属 Kalidium Moq.

盐爪爪 Kalidium foliatum (Pall.)Mog.

蒙古名：巴达日格纳

别　名：着叶盐爪爪、碱柴、灰碱柴

盐生半灌木，广泛分布于草原区和荒漠区的盐碱土上。乌拉特后旗各地盐碱土均可见到，为中等饲用植物。

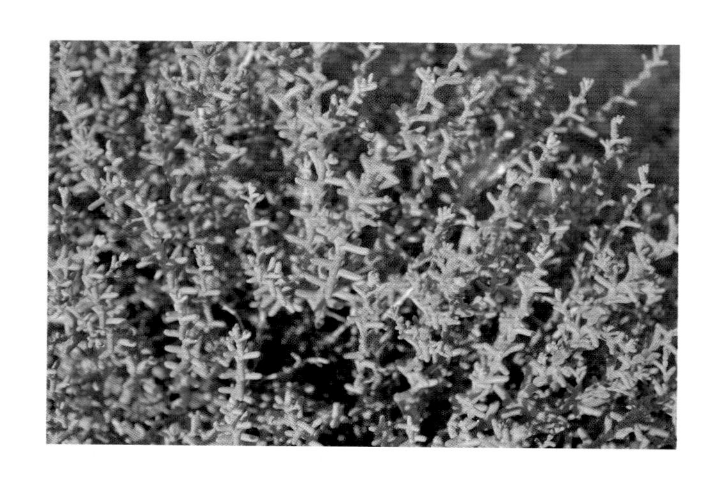

细枝盐爪爪 Kalidium gracile Fenzl

蒙古名：希日–巴达日格纳

别　名：绿碱柴

盐生半灌木，生于草原区和荒漠区的盐碱土上。乌拉特后旗见于狼山以北地区的盐碱土上。为中等饲用植物。

尖叶盐爪爪 Kalidium cuspidatum (Ung.–Sternb.)Grub.

蒙古名：苏布格日–巴达日格纳

别　名：灰碱柴

盐生半灌木，生于草原区和荒漠地区的盐碱土上，见于乌拉特后旗的北部和西北部。为中等饲用植物。

滨藜属 Atriplex L.

野滨藜 Atriplex fera(L.) Bunge

蒙古名:希日古恩一绍日乃

别　名:三齿滨藜、三齿粉藜、油勺勺

一年生盐中生草本,生于草原区低湿的盐碱土上,也生于沟渠或田埂。见于乌拉特后旗山前农区及红旗水库周围。为中等饲用植物。

西伯利亚滨藜Atriplex sibirica L

蒙古名：西伯日–绍日乃

别　名：刺果粉藜、麻落粒

一年生盐中生草本，生于草原区和荒漠区的盐土和盐化土壤上，也散见于路边及居民点附近。见于乌拉特后旗各地。为中等饲用植物。果实入药，能清肝明目、祛风活血、消肿，主治头痛、皮肤瘙痒、乳汁不通。

滨藜 Atriplex patens (Litv.) Iljin

蒙古名：绍日乃、嘎古代

别　名：碱灰菜

一年生盐生中生草本，生于草原区和荒漠区的盐渍化土壤上，见于乌拉特后旗巴音镇及包尔汗图水库。

碱蓬属 Suaeda Forsk.

碱蓬 Suaeda glauca (Bunge) Bunge

蒙古名:和日斯

别　名:猪尾巴草、灰绿碱蓬

一年生盐生草本,生于盐渍化和盐碱湿润的土壤上,见于乌拉特后旗山前农区,为中等饲用植物。

茄叶碱蓬 Suaeda przewalskii Bunge

蒙古名：阿拉善-和日斯

别　名：阿拉善碱蓬、水杏

一年生盐生草本。生于荒漠区的盐碱湖滨、洼地或沙丘间的丘间低地。见于乌拉特后旗霍各琦苏本查干高勒水库和前达门水库。为阿拉善荒漠特有植物。属中等饲用植物。

盐地碱蓬 Suaeda salsa (L.) Pall.

蒙古名：哈日-和日斯

别　名：黄须菜、翅碱蓬

一年生盐生草本，生于盐碱或盐湿土壤上，见于乌拉特后旗各地。

平卧碱蓬 Suaeda prostrata Pall.

蒙古名：和布特格-和日斯

一年生盐生草本，生于盐碱化的湖边、河岸和洼地，见于乌拉特后旗山后各水库。为中等饲用植物。

角果碱蓬 Suaeda corniculata (C.A.Mey.) Bunge.

蒙古名：额伯日特–和日

一年生盐生草本，生于盐碱地、沙丘低地、湖边，见于乌拉特后旗各地。

沙蓬属 Agriophyllum M.Bieb.

沙蓬 Agriophyllum pungens (Vahl) Link ex A.Dietr.

蒙古名：楚力给日

别　名：沙米、登相子

一年生沙生草本，生于流动半流动沙地和沙丘。见于乌拉特后旗各沙地或沙漠。为良等饲用植物，也是固沙先锋植物。种子作蒙药用，能发表解热，主治感冒发烧、肾炎。

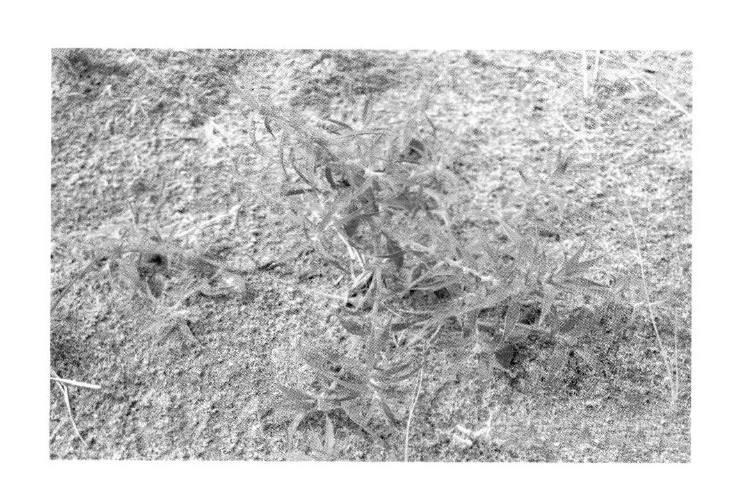

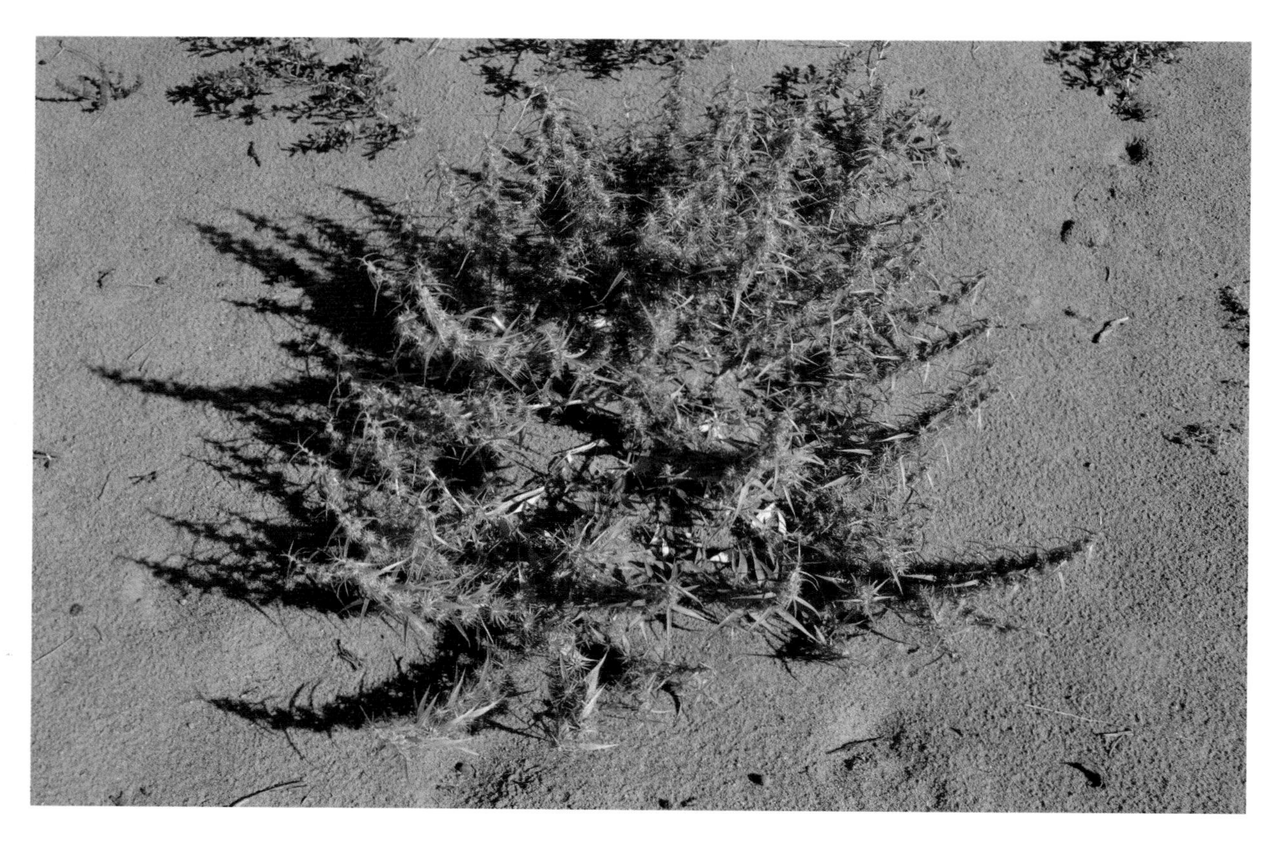

虫实属 Corispermum L.

碟果虫实 Corispermum patelliforme Iljin

蒙古名：楚古陈–哈麻哈格

一年生沙生草本，生于荒漠区流动半流动沙丘上，见于乌拉特后旗西北巴音温都尔沙漠。为良等饲用植物。

蒙古虫实 *Corispermum mongolicum* Iljin

蒙古名：蒙古乐-哈麻哈

一年生沙生草本，生于荒漠和草原区的砂质土壤、戈壁和沙丘上，见于乌拉特后旗各地。

中亚虫实 *Corispermum heptapotamicum* Iljin

蒙古名：道木得-阿贼音-哈麻哈格

一年生沙生草本，生于草原带至荒漠区的砂质戈壁、沙丘和沙地，见于乌拉特后旗西北部及北部。

绳虫实 Corispermum declinatum Steph. ex Stev.

一年生沙生草本,生于草原区砂质土壤和固定沙丘上,见于乌拉特后旗南部及中东部。为良等饲用植物。

毛果绳虫实(变种) Corispermum declinatum Steph.ex Stev.var.tylocarpum (Hance) Tsien et C.G.Ma.

蒙古名:好希古特-哈麻哈格

别　名:瘤果虫实、啄虫实

一年生沙生草本,生于固定沙地、沙丘及沙质撂荒地上,见于乌拉特后旗狼山以北地区。

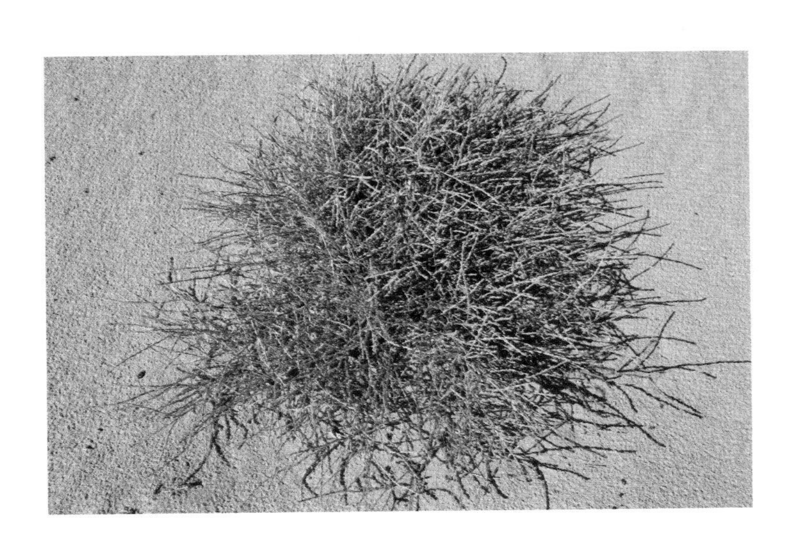

烛台虫实 Corispermum candelabrum Iljin

别　名：乌丹虫实

一年生沙生草本，生于阔叶林区、草原区的半固定沙地及沙丘上，见于乌拉特后旗中西部。为良等饲用植物。

华虫实 Corispermum stauntonii Moq.

蒙古名：给拉嘎日－哈麻哈格

别　名：施氏虫实

一年生沙生草本，生于草原区的沙地、砂质土壤，见于乌拉特后旗中西部。

兴安虫实 Corispermum chinganicum Iljin

蒙古名:虎日恩-哈麻哈格

一年生沙生草本,生于草原和荒漠草原的沙质土壤上,见于乌拉特后旗各地。

轴藜属 Axyris L.

杂配轴藜 Axyris hybrida L.

蒙古名:额日力斯-查干-图如

一年生中生草本,生于沙质撂荒地或干河床内,见于乌拉特后旗狼山。

雾冰藜属 Bassia All

雾冰藜 Bassia dasyphylla (Fisch.et Mey.) O. Kuntze

蒙古名：马能–哈麻哈格

别　名：巴西藜、肯诺藜、五星蒿、星状刺果藜

一年生旱生草本，生于草原区和荒漠区的砂质和砂砾质土壤上，见于乌拉特后旗各地。为中等饲用植物。

藜属 Chenopodium L.

菊叶香藜 Chenopodium foetidum Schrad.

蒙古名：乌努日特–诺衣乐

别　名：菊叶刺藜、总状花藜

一年生中生草本，生于撂荒地及居民点附近，见于乌拉特后旗巴音镇和潮格镇。嫩茎叶可食。全草入药，主治喘息、炎症、痉挛、偏头痛等。

刺藜 Chenopodium aristatum L.

蒙古名：塔黑彦-希乐毕-诺高

别　名：野鸡冠子花、刺穗藜、针尖藜

一年生中生草木，生于砂质地或固定沙地上，见于乌拉特后旗狼山中部的半阳坡及河床内。全草入药，能祛风止痒，主治皮肤瘙痒、荨麻疹。

无刺刺藜（变种）Chenopodium aristatum L.var.inerme W.Z.Di

一年生中生草本，生于山沟、干河床、撂荒地等处，见于乌拉特后旗狼山。

灰绿藜 Chenopodium glaucum L.

蒙古名：呼和–诺干–诺衣乐

别　名：水灰菜

一年生耐盐中生草本，生于居民点附近和轻度盐渍化农田，见于乌拉特后旗各地。为中等饲用植物。

小白藜 Chenopodium iljinii Golosk.

蒙古名：查干–诺衣乐

一年生盐生草本，生于荒漠草原和荒漠区的盐碱地上，见于乌拉特后旗狼山浩日格地区。

尖头叶藜 Chenopodium acuminatum Willd.

蒙古名:道古日格–诺衣乐

别　名:绿珠藜、渐尖藜、油杓杓

一年生中生草本,生于盐碱地、河岸砂质地、撂荒地和居民点的沙壤质土壤上,见于乌拉特后旗西南部。为良等饲用植物。

杂配藜 Chenopodium hybridum L.

蒙古名:额日力斯–诺衣乐

别　名:大叶藜、血见愁

一年生中生草本,生于林缘、山地沟谷、河边及居民点附近,见于乌拉特后旗狼山。地上部分入药,主治月经不调、功能性子宫出血、吐血、衄血、咯血、尿血。嫩枝叶可作猪饲料。

小藜 Chenopodium serotinum L.

蒙古名：吉吉格-诺衣乐

一年生中生草本，生于潮湿和疏松的撂荒地、田间、路旁，见于乌拉特后旗中南部地区。

藜 Chenopodium album L.

蒙古名：诺衣乐

别　名：白藜、灰藜

一年生中生草本，生长于田间、路旁、荒地、居民点附近和河岸低湿地，为常见农田杂草，见于乌拉特后旗各地。为中等饲用植物。全草及果实入药，主治痢疾腹泻、皮肤湿毒瘙痒。全草也入蒙药，能解表、止痒、治伤、解毒，主治"赫依热"、金伤、心热、皮肤瘙痒。

东亚市藜(亚种) Chenopodium urbicum L.subsp. sinicum Kung et G.L. Chu

蒙古名:特没恩-诺衣

一年生中生草本,生于盐化草甸和杂类草草甸较潮湿的轻度盐化土壤上,也生于撂荒地和居民点附近,见于乌拉特后旗巴音镇。

盐角草属Salicornia L.

盐角草 Salicornia europaea L.

蒙古名：希日和日苏

别　名：海蓬子、草盐角

一年生盐生草本，生于盐湖及盐渍化低地，见于乌拉特后旗查干高勒水库、包尔汗图水库和前达门水库。工业上用于制造碳酸钠的原料。

蛛丝蓬属 Micropeplis Bunge

蛛丝蓬 Micropeplis arachnoidea (Moq.) Bunge

蒙古名：好希-哈麻哈格

别　名：蛛丝盐生草、白茎盐生草、小盐大戟

一年生耐盐碱旱中生草本，多生于荒漠地带的碱化土壤或砾石戈壁滩上，也进入荒漠草原地带，见于乌拉特后旗各地。为中等饲用植物。

苋科 Amaranthaceae

青葙属 Celosia L.

鸡冠花 Celosia cristata L.

蒙古名:塔黑彦–色其格–其其格

一年生草本,花序为鸡冠状,卷冠状或羽毛状的穗状花序,为栽培观赏植物。花和种子供药用,主治痔疮出血、功能性子宫出血、白带、妇女血崩、赤痢、肠出血等。花序入蒙药,能止血、止泻,主治各种出血、赤白带下、肠刺痛、肠泻。

苋属 Amaranthus L.

反枝苋 Amaranthus retroflexus L.

蒙古名：阿日白–诺高

别　名：西风古、野千穗谷、野苋菜

一年生中生草本，多生于田间、路旁、住宅附近，为常见农田杂草。见于乌拉特后旗各地。嫩茎叶可食，并为良好的养猪、养鸡饲料。全草入药，能清热解毒、利尿、止痛、止痢，主治痈肿疮毒、便秘、下痢。

马齿苋科 Portulacaceae

马齿苋属 Pertulaca L.

马齿苋 Portulaca oleracea L.

蒙古名：娜仁–淖嘎

别　名：马齿草、马苋菜

一年生中生肉质草本，生于田间、路旁，为常见农田杂草，见于乌拉特后旗各地。嫩茎叶可作蔬菜，也可作饲料。全草入药，主治细菌性痢疾、急性肠胃炎、急性乳腺炎、痔疮出血、尿血、赤白带下、蛇虫咬伤、痔疮肿毒、急性湿疹、过敏性皮炎、尿道炎等。也可作土农药，用来杀虫。

石竹科 Caryophyllaceae

牛漆姑草属(拟漆姑属)Spergularia (Pers.) J. et C. Presl

牛漆姑草 Spergularia salina J.et C.Presl

蒙古名:达嘎木

别　名:拟漆姑

一年生耐盐中生草本,生于盐化草甸及沙质轻度盐碱地,见于乌拉特后旗前达门水库、山前地区及狼山沟谷溪流边缘。

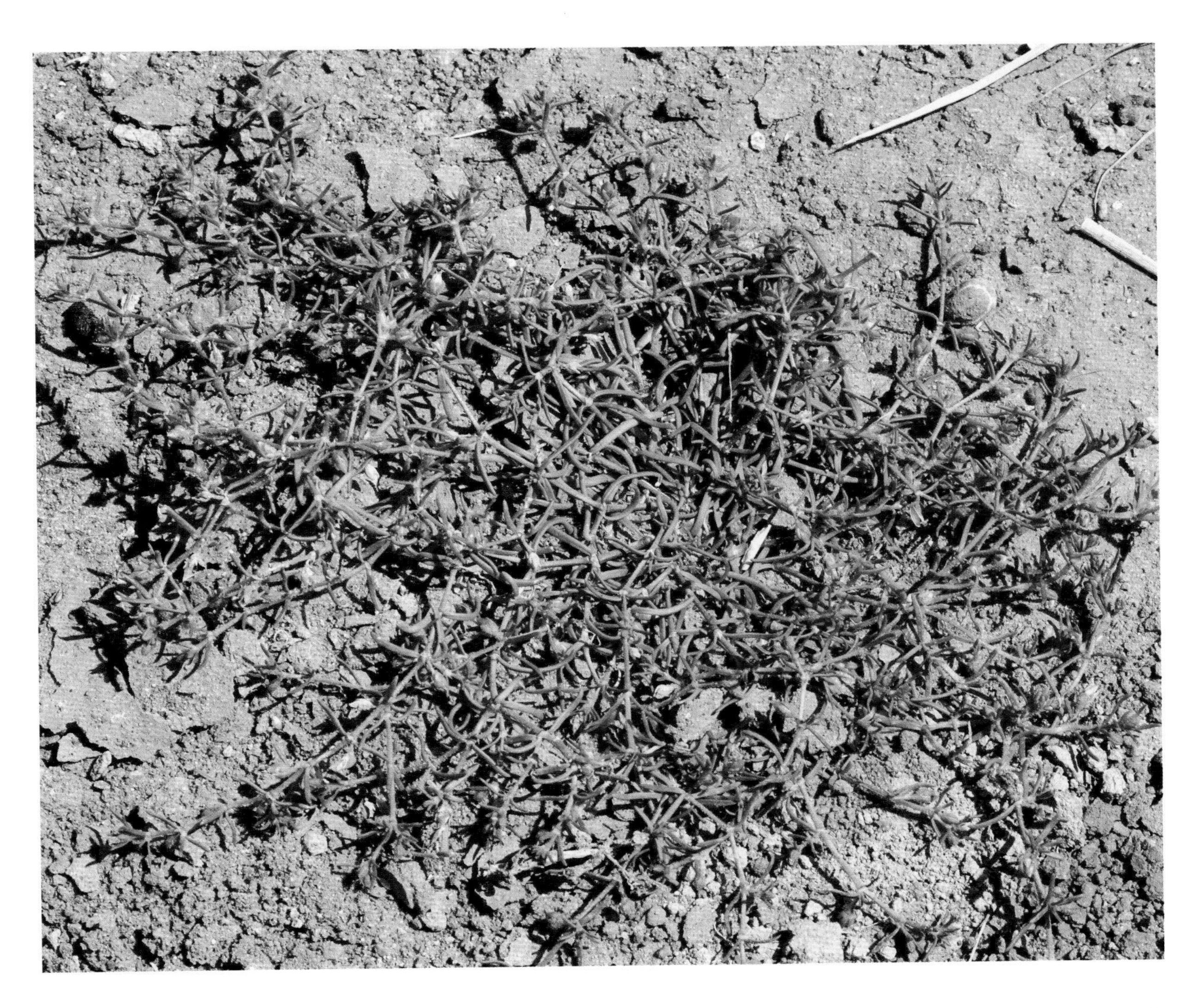

裸果木属Gymnocarpos Forsk.

裸果木Gymnocarpos przewalskii Maxim.

蒙古名：乌兰–图列

别　名：瘦果石竹

超旱生灌木，生长于荒漠区的干河床及丘间低地，见于乌拉特后旗巴音前达门苏木的巴音忽热嘎查和巴音满都呼嘎查以及潮格镇巴音努鲁嘎查的小部分地区。属于国家一级重点保护植物。

繁缕属 Stellaria L.

二柱繁缕 Stellaria bistyla Y.Z.Zhao

蒙古名：阿拉格–阿吉干纳

多年生旱生草本，生于山地林下或山坡石缝处，见于乌拉特后旗狼山。

钝萼繁缕 Stellaria amblyosepala Schrank.

蒙古名:毛呼-阿吉干纳

多年生旱生草本,生于石质山坡、阴坡林下及沟谷,见于乌拉特后旗狼山山地。

沙地繁缕 Stellaria gypsophiloides Fenzl

蒙古名：台日力格-阿吉干纳

别　名：霞草状繁缕

多年生旱生草本，生于流动或半固定沙丘、沙地及荒漠草原，见于乌拉特后旗巴音前达门苏木巴音查干嘎查北部及乌盖西富山嘎查。根可作"银柴胡"入药。

银柴胡（变种）Stellaria dichotoma L. var. lanceolata Bunge

蒙古名：那林–那布其特–特门–章给拉嘎

别　名：披针叶叉繁缕、狭叶歧繁缕

多年生旱生草本，生于固定或半固定沙丘、向阳石质山坡、山顶石缝间、草原。见于乌拉特后旗西补隆林场及狼山西段。为中药“银柴胡”的正品，能清热凉血。主治阴虚潮热、久疟、小儿疳热。为内蒙古重点保护植物。

条叶叉歧繁缕(变种)Stellaria dichotoma L.var.linearis Fenzl

蒙古名:布斯力格–阿吉干纳

别　名:线叶叉繁缕

多年生旱生草本,生于石质山坡及草原沙质地,见于乌拉特后旗狼山东部。

女娄菜属Melandrium Roehl.

女娄菜 Melandrium apricum (Turcz.ex Fisch.ex Mey.)Rohrb.

蒙古名：苏尼吉没乐–其其格

别　名：桃色女娄菜

一年或二年生中旱生草本，生于石砾质坡地、固定沙地、疏林及草原中，见于乌拉特后旗巴音镇及狼山中。全草入药，能下乳、利尿、清热、凉血，也作蒙药用。

异株女娄菜 Melandrium apricum (Turcz.ex Fisch.ex Mey.)Rohrb.

蒙古名:敖温道–苏尼吉没乐–其其格

别　名:白花蝇子草

一年或二年生中生草本,生于湿草甸,偶见于乌拉特后旗巴音镇。

麦瓶草属 Silene L.

毛萼麦瓶草 Silene repens Patr

蒙古名：模乐和–舍日格纳

别　名：蔓麦瓶草、匍生蝇子草

多年生中生草本，生于山坡草地、山沟水边等地，见于乌拉特后旗狼山浩日格地区。

丝石竹属Gypsophila L.

荒漠丝石竹Gypsophila desertorum (Bunge) Fenzl

蒙古名:楚乐音-台日

别　名:荒漠石头花、荒漠霞草

多年生旱生草本,生于荒漠草原、砾质与砂质干草原,见于乌拉特后旗狼山及以北地区。

头花丝石竹 Gypsophila capituliflora Rupr.

蒙古名：图如–台日

别　名：准格尔丝石竹、头状石头花

多年生旱生草本，生于石质山坡、山顶石缝，见于乌拉特后旗狼山及以北的低山丘陵和石质残丘地区。

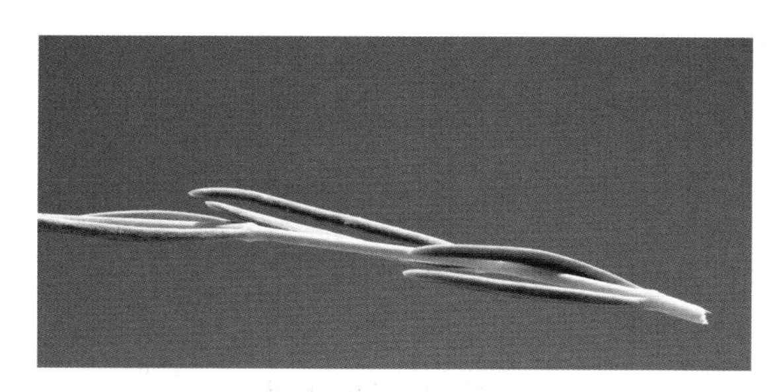

尖叶丝石竹 Gypsophila licentiana Hand.– Mazz.

蒙古名:少布格日–台日

别　名:尖叶石头花、石头花

多年生旱生草本,生于石质山坡,见于乌拉特后旗狼山山地。

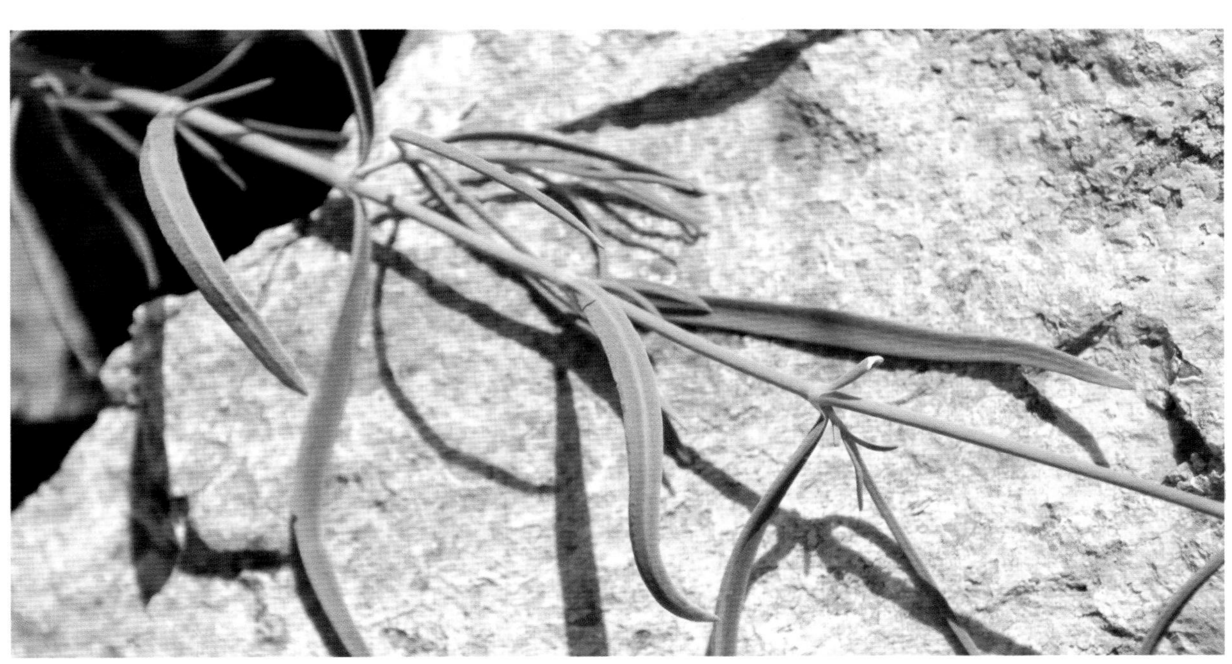

石竹属 Dianthus L.

石竹 Dianthus chinensis L.

蒙古名:巴希卡-其其格

别　名:洛阳花

多年生旱中生草本,生于山地草甸及草甸草原,乌拉特后旗栽培用于观赏。地上部分入药,主治膀胱炎、尿道炎、泌尿系统结石、妇女闭经、外阴糜烂、皮肤湿疮。地上部分也入蒙药,主治血热、血刺痛、肝热、痧症、产褥热。可作观赏植物。

紫茉莉科 Nyctaginaceae

紫茉莉属 Mirabilis L.

紫茉莉 Mirabilis jalapa L.

别　名:草茉莉、胭脂花、地雷花、粉豆花

多年生草本,常做一年生栽培,原产南美热带地区,乌拉特后旗有栽培。根、叶可供药用,有清热解毒、活血调经和滋补的功效。种子白粉可去面部斑痣、粉刺。可作观赏花卉。

睡莲科 Nymphaeaceae

睡莲属 Nymphaea L.

睡莲 Nymphaea tetragona Georgi.

蒙古名：朱乐格力格–其其格

多年生水生草本，生于池沼及河湾内，乌拉特后旗有栽培。根状茎含淀粉，可供食用或酿酒。花入药，能消暑、解酒、祛风，主治中暑、酒醉、烦渴、小儿惊风。花也供观赏。

莲属Nelumbo Adans.

荷花Nelumbo nucifera Gaertn.

别　名：莲花、水芙蓉、藕花

多年生水生草本，乌拉特后旗巴音镇栽培用于观赏。莲子、莲藕、莲叶、莲花、莲蕊等均可食用。荷花、莲子、莲衣、莲房、莲须、莲子心、荷叶、荷梗、藕节等均可药用。荷花能活血止血、去湿消风、清心凉血、解热解毒，莲子能养心、益肾、补脾、涩肠，莲须能清心、益肾、涩精、止血、解暑除烦、生津止渴，荷叶能清暑利湿、升阳止血、减肥瘦身，藕节能止血、散瘀、解热毒，荷梗能清热解暑、通气行水、泻火清心。

毛茛科 Ranunculaceae

耧斗菜属 Aquilegia L.

耧斗菜 Aquileqia viridiflora Pall.

蒙古名：乌日乐其—额布斯

别　名：血见愁

多年生旱中生草本，生于石质山坡的灌丛间及沟谷中，见于乌拉特后旗狼山。全草入药，能调经止血、清热解毒，主治月经不调、功能性子宫出血、痢疾、腹痛。也作蒙药用，能调经、治伤、燥"协日乌素"、止痛，主治阴道疾病、死胎、胎衣不下、金伤、骨折。

唐松草属Thalictrum L.

细唐松草 Thalictrum tenue Franch.

蒙古名：好宁-查存-其其格

多年生旱生草本，生于干草原到半荒漠地带的石质山地，见于乌拉特后旗狼山。

香唐松草 Thalictrum foetidum L.

蒙古名:乌努日特-查存-其其格

别　名:腺毛唐松草

多年生中旱生草本,生于山地草原及灌丛中,见于乌拉特后旗狼山。全草可供药用。

水葫芦苗属Halerpestes Greene

水葫芦苗Halerpestes sarmentosa (Adams) Kom.

蒙古名：那木格音-格乐-其其格

别　名：圆叶碱毛茛

多年生中生(或湿生)草本,生于低湿地草甸及轻度盐化草甸或浅水中,见于本旗各低湿草甸或浅水环境中。全草作蒙药用,能利水消肿、祛风除湿,主治关节炎及各种水肿。

黄戴戴 Halerpestes ruthenica (Jacq.) Ovcz.

蒙古名：格乐–其其格

别　名：金戴戴、长叶碱毛茛

多年生中生草本，生于各种低湿地草甸及轻度盐化草甸，见于乌拉特后旗各低湿地草甸环境中。蒙医称此草治咽喉病。

铁线莲属 Clematis L.

灌木铁线莲 Clematis fruticosa Turcz.

旱生直立小灌木,生于荒漠草原及荒漠区的石质山坡、沟谷、干河床中,见于乌拉特后旗狼山。花较美丽,可作观赏植物。属内蒙古重点保护植物。

准噶尔铁线莲 Clematis songarica Bunge

蒙古名：呼和-额日乐吉

旱生直立小灌木，生于荒漠地带海拔1600米左右的山前冲积扇、砾石堆或山坡上，也生于干河床中，见于乌拉特后旗西北部干河床中。

宽芹叶铁线莲(变种)Clematis aethusifolia Turcz.var.larisecta Maxim.

蒙古名:朝乐布日-奥力牙木格

别　名:芹叶铁线莲、草地铁线莲

多年生旱中生草质藤本,生于山坡灌丛、林缘,见于乌拉特后旗狼山浩日格地区。

黄花铁线莲 Clematis intricata Bunge

蒙古名：希日-奥日牙木格

别　名：狗豆蔓、萝萝蔓

多年生旱中生草质藤本，生于山地丘陵、低湿地、沙地及田边、路旁、房舍附近，见于乌拉特后旗巴音镇。全草入药，有小毒，能祛风湿，主治慢性风湿性关节炎、关节痛，多作外用。此外民间把全草捣烂加白矾涂患处可治牛皮癣。也作蒙药用，能消食、散结，主治消化不良、肠痛；外用除疮、排脓。

芍药属 Paeonia L.

芍药 Paeonia lactiflora Pall.

蒙古名：查那-其其格

多年生旱中生草本，乌拉特后旗巴音镇有栽培。根入药，能清热凉血、活血散瘀，主治血热吐衄、肝火目赤、血瘀痛经、月经闭止、疮疡肿毒、跌打损伤。也作蒙药用，能活血、凉血、散瘀，主治血热、血瘀痛经。花大而美，可供观赏。为内蒙古重点保护植物。

小檗科 Berberidaceae

小檗属 Berberis L.

刺叶小檗 Berberis sibirica Pall.

蒙古名：西伯日－希日－毛都

旱中生灌木，生于山地碎石坡地和陡峭的山坡上，见于乌拉特后旗狼山浩日格地区。根皮和茎皮入蒙药，能燥“协日乌素”、清热、解毒、止泻、止血、明目，主治痛风、游痛症、秃疮、癣疥、麻风病、皮肤瘙痒、毒热、鼻衄、吐血、月经过多、便血、火眼、眼白斑、肾热、遗精。

鄂尔多斯小檗 Berberis caroli Schneid.

蒙古名：鄂尔多斯音–希日–毛都

别　名：黄柏

旱中生灌木，散生于草原带的山地，见于乌拉特后旗狼山。根皮和茎皮入药，能清热燥湿、泻火解毒，主治痢疾、黄疸、白带、关节肿痛、阴虚发热、骨蒸盗汗、痈肿疮疡、口疮、目疾、黄水疮等症，可作黄连代用品。根皮及茎皮也入蒙药，功能、主治同刺叶小檗。属内蒙古重点保护植物。

紫叶小檗（变种）Berberis thunbergii DC. var. atropurpurea Rehd.

别　名：红叶小檗、紫叶女贞

落叶灌木，为常见园林绿化树种，乌拉特后旗有栽培。

罂粟科 Papaveraceae

角茴香属 Hypecoum L.

节裂角茴香 Hypecoum leptocarpum Hook.f.et Thoms

蒙古名：塔苏日海–嘎伦–塔巴格

别　名：细果角茴香

一年生中生草本，生于山地沟谷、田边，见于乌拉特后旗北部及巴音镇。根及全草入药，能泻火、解热、镇咳，主治气管炎、咳嗽、感冒发烧、菌痢。全草入蒙药，能杀“粘”、清热解毒，主治流感、瘟疫、黄疸、陈刺痛、结喉、发症、转筋痛、麻疹、炽热、劳热、讧热、毒热。

紫堇属Corydalis Vent.

灰绿黄堇Corydalis adunca Maxim.

蒙古名:柴布日–萨巴乐干纳

别　名:旱生黄堇

多年生旱生草本,生于石质山坡、岩缝中,见于乌拉特后旗狼山。

十字花科 Cruciferae

沙芥属 Pugionium Gaertn.

宽翅沙芥 Pugionium dolabratum Maxim.

蒙古名：乌日格–额乐孙萝帮

别　名：绵羊沙芥、斧型沙芥、斧翅沙芥

一年生沙生草本，生于草原、荒漠草原及草原化荒漠地带的半固定沙地，见于乌拉特后旗狼山以北地区的沙地中。嫩叶可作蔬菜或饲料。全草及根入药，全草能行气、止痛、消食、解毒，主治消化不良、胸肋胀满、食物中毒。根能止咳、清肺热，主治气管炎。根入蒙药，能解毒消食，主治头痛、关节痛、上吐下泻、胃脘胀痛、心烦意乱、视力不清、肉食中毒。

群心菜属 Cardaria Desv.

毛果群心菜 Cardaria pubescens (C.A.Mey.) Jarm.

蒙古名：红哈–希格其格

别　名：泡果芥

多年生旱中生草本，多生于草原及荒漠区的盐化低地与疏松盐土上，见于乌拉特后旗巴音镇及包尔汉图水库。

蔊菜属 Rorippa Scop.

风花菜 Rorippa islandica (Oad.) Borbas

蒙古名：那木根-萨日布

别　名：沼生蔊菜

二年生或多年生湿中生草本，生于水边、沟谷，见于乌拉特后旗巴音镇农区及狼山沟谷溪水边。种子含油量约30%，供食用或工业用，嫩苗可作饲料。

独行菜属Lepidium L.

北方独行菜Lepidium cordatum Willd.

多年生耐盐湿中生草本，生于盐化草甸或盐化低地，见于乌拉特后旗狼山以北地区。

宽叶独行菜 Lepidium latifolium L.

蒙古名:乌日根-昌古

别　名:羊辣辣

多年生耐盐中生草本,生于村舍旁、田边、路旁、渠道边及盐化草甸等,见于乌拉特后旗山前地区。全草入药,能清热燥湿,主治菌痢、肠炎。

独行菜 Lepidium apetalum Willd.

蒙古名：昌古

别　名：腺茎独行菜、辣辣根、辣麻麻

一年生或二年生旱中生草本，多生于村边、路旁、撂荒地，也生于山地沟谷，见于乌拉特后旗各地。全草及种子入药。全草能清热利尿、通淋，主治肠炎腹泻、喘咳痰多、胸胁满闷、水肿、小便不利等。种子入蒙药，能清讧热、解毒、止咳、化痰、平喘，主治毒热、气血相讧、咳嗽气喘、血热。

燥原荠属 Ptilotrichum C. A. Mey.

燥原荠 Ptilotrichum canescens C. A. Mey

蒙古名：共黑-好日格

旱生小半灌木，生于荒漠带的石、砾质山坡、干河床，见于乌拉特后旗西北部及北部。

薄叶燥原荠 Ptilotrichum tenuiflium (Steoh.)

旱中生半灌木，生于草原带或荒漠化草原带的砾石山坡、高原草地、河谷，见于乌拉特后旗狼山及以北地区。

芸苔属 Brassica L.

油芥菜（变种）Brassica juncea (L) Czern. et Coss. var. **gracilis** Tsen et Lee

蒙古名：钙母

别　名：芥菜型油菜

一年生或二年生草本，栽培作油料作物，乌拉特后旗有逸出，种子含油率25%~34%，可食用。

大蒜芥属Sisymbrium L.

垂果大蒜芥Sisymbrium heteromallum C. A. Mey.

蒙古名:文吉格日–哈木白

别　名:垂果蒜芥

一年生或二年生草本,生于森林草原及草原带的山地林缘、草甸及沟谷溪边,见于乌拉特后旗狼山及以南地区。种子可作辛辣调味品(代芥末用)。

花旗竿属 Dontostemon Andrz.

厚叶花旗竿 Dontostemon crassifolius (Bunge) Maxim.

蒙古名:朱占-巴格太-额布斯

多年生旱生矮小草本,生于荒漠草原、荒漠及干河床中,见于乌拉特后旗狼山以北地区。

白毛花旗竿 Dontostemon senilis Maxim.

蒙古名：查干–巴格太–额布斯

多年生旱生矮小草本，生于荒漠草原、荒漠、石质山坡及干河床，见于乌拉特后旗狼山及其以北地区。

小柱芥属Microstigma Trautv.

尤纳托夫小柱芥Microstigma junatovii Grub

一年生中旱生草本。生于荒漠带的砾石质丘坡及浅洼地。见于乌拉特后旗西北部。

旱金莲科 Tropaeolaceae

旱金莲属 Tropaeolum L.

旱金莲 Tropaeolum majus L.

别　名:荷叶七、旱莲花

一年生或多年生蔓生草本,为观赏花卉,乌拉特后旗有栽培,全草入药,清热解毒,用于眼结膜炎、痈疖肿毒。

景天科 Crassulaceae

瓦松属 Orostachys(DC.) Fisch.

瓦松 Orostachys fimbriatus (Turcz.) Berger

蒙古名:斯琴-额布斯、爱日格-额布斯

别　名:酸溜溜、酸窝窝

二年生砾石生旱生肉质草本。生于石质山坡、石质丘陵及砂质地,见于乌拉特后旗狼山。全草入药,能活血、止血、敛疮。内服治痢疾、便血、子宫出血。鲜品捣烂或焙干研末外敷,可治疮口久不愈合。煎汤含漱,治齿龈肿痛。全草入蒙药,能清热解毒、止泻,主治血热、毒热、热性泻下、便血。

八宝属 Hylotelephium H.Ohba

长药八宝 Hylotelephium spectabile (Bor.) H.Ohba

蒙古名:乌日图-黑鲁特日根纳

别　名:长药景天

多年生旱中生草本,乌拉特后旗栽培用于行道及园林绿化。

景天属Sedum L.

费菜Sedum aizoon L.

蒙古名：矛钙–伊得

别　名：土三七、景天三七、见血散

多年生旱中生草本，乌拉特后旗有栽培，用于园林绿化。根及全草入药，能散瘀止血、安神镇痛，主治血小板减少性紫癜、衄血、吐血、咯血、便血、齿龈出血、子宫出血、心悸、烦躁、失眠。外用治跌打损伤、外伤出血、烧烫伤、疮疖痈肿等症。属内蒙古重点保护植物。

蔷薇科 Rosaceae

绣线菊属 Spiraea L.

三裂绣线菊 Spiraea trilobata L.

蒙古名：哈日－塔比勒干纳、哈日干－柴

别　名：三桠绣线菊、三裂叶绣线菊

中生灌木，多生于石质山坡，见于乌拉特后旗狼山，可栽培供观赏。

珍珠梅属 Sorbaria (Ser.) A.Br. ex Aschers.

华北珍珠梅 Sorbaria kirilowii (Regel) Maxim.

蒙古名：奥木日图音-苏布得力格-共其格

别　名：珍珠梅

中生灌木，乌拉特后旗有栽培，供观赏。茎皮、枝条和果穗入药，能活血散瘀、消肿止痛，主治骨折、跌打损伤、风湿性关节炎。

珍珠梅 Sorbaria sorbifolia (L.) A. Br.

蒙古名：苏布得力格–其其格

别　名：东北珍珠梅、华楸珍珠梅

中生灌木，乌拉特后旗栽培用于园林绿化，用途同华北珍珠梅。

枸子属Cotoneaster B. Ehrhart

准噶尔栒子 Cotoneaster soongoricus (Regel et Herd.) Popov

蒙古名：准噶日—牙日钙

别　名：准噶尔总花栒子

旱中生灌木，散生于山地的石质山坡及沟谷，见于乌拉特后旗狼山。

梨属 Pyrus L.

杜梨 Pyrus betulaefolia Bunge

蒙古名：哲日力格–阿力梨、哈达

别　名：棠梨、土梨

带刺乔木，乌拉特后旗有栽培，是梨树的优良砧木。木材坚韧可做家具。果实可食用、酿酒、制糖，又可入药，为收敛剂。

苹果属 Malus Mill.

山荆子 Malus baccata (L.) Borkh.

蒙古名：乌日勒

别　名：山定子、林荆子

中生乔木，乌拉特后旗果园有栽培。果实可酿酒。在东北为优良砧木，在乌拉特后旗不适宜作砧木。

西府海棠 Malus micromalus Makino

蒙古名:西府-海棠

别　名:红林檎、七厘子、黄林檎

中生小乔木或乔木,乌拉特后旗果园栽培做砧木用。果味酸甜,可生食或加工用。

楸子 Malus prunifolia(willd.)Borkh.

蒙古名:海棠-吉密斯

别　名:海棠果、海红

小乔木,乌拉特后旗有栽培,是苹果的优良砧木。果实味酸甜,质脆,除少数改良品种可供鲜食外,还可以制果干、果丹皮。

苹果 Malus pumila Mill.

蒙古名：苹果–阿拉木日都

别　名：西洋苹果

乔木，本种原产欧洲和中亚地区，乌拉特后旗有栽培。主要品种有国光、黄太平等，果实味美可口。

花红 Malus asiatica Nakai

蒙古名：敖拉纳

别　名：沙果、林檎

小乔木，乌拉特后旗有栽培。果肉软，味甜而酸，可供鲜食用，但不耐储藏及运输，可供制干果、果丹皮及酿果酒用。

蔷薇属 Rosa L.

玫瑰 Rosa rugosa Thunb.

蒙古名：萨日钙–其其格

灌木，乌拉特后旗栽培作为观赏植物。花瓣可提取芳香油，作糖果糕点的调味品，用于熏茶、酿酒等。花入药，能理气活血，主治肝胃痛，胸腹胀满，月经不调。花也入蒙药，能清“协日”、镇“赫依”，主治消化不良、胃炎。属国家二级重点保护植物。

黄刺玫 Rosa xanthina Lindl.

蒙古名：格日音–希日–扎木尔

别　名：重瓣黄刺玫

灌木，乌拉特后旗栽培用于观赏。花、果入药，花能理气、活血、调经、健脾，主治消化不良、气滞腹痛、月经不调。果能养血活血，主治脉管炎、高血压、头晕。

单瓣黄刺玫（变型）Rosa xanthina Lindl.f. normalis Rehd. et Wils.

蒙古名：希日–扎木尔

别　名：马茹茹、马茹子、野生黄刺玫

中生灌木，生于落叶阔叶林区及草原带的山地，见于乌拉特后旗狼山。用途同黄刺玫。

月季花 Rosa chinensis Jacq.

蒙古名：萨日乃–其其格

常绿或半常绿灌木，乌拉特后旗栽培作观赏用。花、叶和根入药，能活血调经，散毒消肿，主治月经不调、痛经，疮痈肿毒，淋巴腺结核、跌打损伤。

绵刺属 Potaninia Maxim.

绵刺 Potaninia mongolica Maxim.

蒙古名：好衣热格、胡椤–好衣热格

别　名：蒙古包大宁

强旱生小灌木，生于戈壁和覆沙碎石质平原，常形成大面积的荒漠群落，见于乌拉特后旗中西部及北部地区。为中等饲用植物，是阿拉善地区特有植物。属国家一级重点保护植物。

地榆属Sanguisorba L.

地榆Sanguisorba officinalis L.

蒙古名：苏都-额布斯

别　名：蒙古枣、黄瓜香

多年生中生草本。生于山坡草地、溪边、灌丛中或湿草地。见于乌拉特后旗狼山中。

长叶地榆（变种）Sanguisorba officinalis L.var.longifolia(Bertol.)Yu et Li

蒙古名：那布其日和格-苏都-额布斯

多年生中生草本，多生于草甸中。偶见于乌拉特旗巴音镇呼格吉乐广场的林地中。根入药，能凉血止血、消肿止痛，并有降压作用，主治便血、血痢、尿血、崩漏、疮疡肿毒及烫火伤等症。

委陵菜属 Potentilla L.

金露梅 Potentilla fruticosa L.

蒙古名:乌日阿拉格

别　名:金老梅、金蜡梅、老鸹爪

中生灌木,生于山地草原,见于乌拉特后旗狼山最高峰。可作为观赏灌木,嫩叶可代茶叶用。花、叶入药,能健脾化湿、清暑、调经,主治消化不良、中暑、月经不调。花入蒙药,能润肺、消食、消肿,主治乳腺炎、消化不良、咳嗽。

小叶金露梅 Potentilla parvifolia Fisch.

蒙古名:吉吉格–乌日阿拉格

别　名:小叶金老梅

旱中生小灌木,生于草原带的山地与丘陵砾石质坡地,见于乌拉特后旗狼山。用途同金露梅,为内蒙古重点保护植物。

鹅绒委陵菜 Potentilla anserina L.

蒙古名：陶来音-汤乃

别　名：河篦梳、蕨麻委陵菜、曲尖委陵菜

多年生中生耐盐葡匐草本，生于各类草甸中，见于乌拉特后旗各处草甸。根及全草入药，能凉血止血、解毒止痢、祛风湿，主治各种出血、细菌性痢疾、风湿性关节炎等。全草入蒙药，能止泻，主治痢疾、腹泻。嫩茎叶可作为野菜或饲料，茎叶可提取黄色染料。

二裂委陵菜 Potentilla bifurca L.

蒙古名：阿叉–陶来音–汤乃

别　名：叉叶委陵菜

多年生耐旱草本或亚灌木，是干草原和草甸草原的常见伴生种，见于乌拉特后旗狼山及以北地区。在植物体基部，有时由幼芽密集簇生而形成的红紫色的垫状丛，称“地红花”，可入药，能止血，主治功能性子宫出血、产后出血过多。

高二裂委陵菜(变种)Potentilla bifurca L. var. major Ledeb.

蒙古名:陶日格-阿叉-陶来音-汤乃班木毕日

别　名:长叶二裂委陵菜

多年生旱中生草本,生于耕地道旁、河滩沙地、山坡草地,见于乌拉特后旗农区及潮格苗圃。用途同正种。

铺地委陵菜 Potentilla supina L.

蒙古名:诺古音-陶来音-汤乃

别　名:朝天委陵菜、伏委陵菜、背铺委陵菜

一年生或二年生旱中生草本,轻度耐盐,生于草原区及荒漠区的低湿地上,也常见于农田及路旁,见于乌拉特后旗山前地区。

轮叶委陵菜 Potentilla verticillaris Steph. ex Willd.

蒙古名：道给日存–陶来音–汤乃

多年生旱生草本，为典型草原常见伴生种，也偶见于荒漠草原中，见于乌拉特后旗狼山浩日格地区。

绢毛委陵菜 Potentilla sericea L.

蒙古名：给拉嘎日－陶来音－汤乃

多年生旱生草本，为典型草原伴生植物，稀见于荒漠草原中，见于乌拉特后旗狼山浩日格地区。

掌叶多裂委陵菜(变种)Potentilla multifida L.var.nubigena Wolf

多年生旱生草本,是典型的草原常见伴生种,见于乌拉特后旗狼山浩日格地区。

矮生多裂委陵菜(变种)Potentilla multifida L.var.nubigena Wolf

多年生旱中生草本,生于高山草甸、山坡草地,见于乌拉特后旗狼山浩日格地区。

大萼委陵菜 Potentilla conferta Bunge

蒙古名:都如特-陶来音-汤乃

别　名:白毛委陵菜、大头委陵菜

多年生旱生草本,生于典型草原及草甸草原,见于乌拉特后旗狼山浩日格地区。根入药,能清热、凉血、止血,主治功能性子宫出血、鼻衄。

多茎委陵菜 Potentilla multicaulis Bunge

蒙古名：宝都力格–陶来音–汤乃

多年生中旱生草本，生于农田边、向阳砾石山坡。见于乌拉特后旗狼山浩日格地区。

西山委陵菜 Potentilla sischanensis Bunge ex Lehm.

蒙古名：柴布日–陶来音–汤乃

多年生旱中生草本，多生于山地阳坡、石质丘陵的灌丛、草原，见于乌拉特后旗狼山浩日格地区。

山莓草属 Sibbaldia L.

伏毛山莓草 Sibbaldia adpressa Bunge

蒙古名;贺热格黑

多年生旱生草本,生于沙质土壤及砾石性土壤的干草原或山地草原群落中,见于乌拉特后旗狼山浩日格地区。

地蔷薇属 Chamaerhodos Bunge

地蔷薇 Chamaerhodos erecta (L.) Bunge

蒙古名:图门–塔那

别　名:直立地蔷薇

一年生或二年生中旱生草本,生于草原带的砾石质丘坡、丘顶及山坡,见于乌拉特后旗狼山浩日格地区。全草入药,能祛风湿,主治风湿性关节炎。

砂生地蔷薇 Chamaerhodos sabulosa Bunge

蒙古名：额勒森–图门–塔那

多年生旱生草本，生于荒漠草原带的沙质或沙砾质土壤上，见于乌拉特后旗狼山以北地区。

阿尔泰地蔷薇 Chamaerhodos altaica (Laxm.) Bunge

蒙古名：阿拉泰音–图门–塔那

耐寒砾石生旱生半灌木，生于山地、丘陵的砾石质坡地与丘顶，见于乌拉特后旗狼山浩日格地区。

李属 Prunus L.

山桃 Prunus davidiana (Carr.) Franch.

蒙古名:哲日勒格-陶古日

别　名:野桃、山毛桃、普通桃

乔木,乌拉特后旗有栽培。山桃仁可榨油,供制肥皂、润滑油,也可掺和桐油作油漆用。种仁入药,能破血行瘀、润燥滑肠,主治跌打损伤、血瘀疼痛、大便燥结。树干能分泌桃胶,可作粘接剂。

杏 Prunus armeniaca L.

蒙古名：归勒斯

别　名：普通杏

乔木，乌拉特后旗有栽培。果实供食用或制杏脯或杏干。杏仁入药，能去痰、止咳、定喘、润肠，主治咳嗽、气喘、肠燥、便秘等症。

山杏 Prunus ansu Kom.

蒙古名：合格仁–归勒斯

别　名：野杏

中生小乔木，乌拉特后旗栽培作绿化树种或作其它良种杏的砧木。山杏仁入药，功能、主治同杏。果实不能吃。

中国李 Prunus salicina Lindl.

蒙古名：乌兰-归勒斯

别　名：李子

乔木，乌拉特后旗有栽培。果实供食用或酿果酒，还可制李干或蜜饯。种仁入药，有活血、祛痰、润肠、利尿等作用。

榆叶梅 Prunus triloba Lindl.

蒙古名：额勒伯特-其其格

灌木，稀小乔木，乌拉特后旗栽培作为观赏植物。

重瓣榆叶梅(变型)Prunus triloba Lindl. f. plena Dipp.

蒙古名:高要-额勒伯特-其其格

灌木,乌拉特后旗栽培作为观赏植物。

毛樱桃 Prunus tomentosa Thunb.

蒙古名：哲日勒格–应陶日

别　名：山樱桃、山豆子

中生灌木，生于山地灌丛间，乌拉特后旗巴音镇有栽培。果实味酸甜，可食用。种仁油可制肥皂与润滑油，种仁可作“郁李仁”入药。

蒙古扁桃 Prunus mongolica Maxim.

蒙古名:乌兰-布衣勒斯

别　名:山樱桃、黑格令、土豆子

旱生灌木,生于荒漠区和荒漠草原区的低山丘陵坡麓、石质坡地及干河床,见于乌拉特后旗狼山、山前冲积扇及狼山以北地区。种仁可代"郁李仁"入药。该种为国家二级重点保护植物。

柄扁桃 Prunus pedunculata (Pall.)Maxim.

蒙古名：布衣勒斯

别　名：山樱桃、山豆子

中旱生灌木，主要生长于草原及荒漠草原地带的向阳石质斜坡及坡麓，见于乌拉特后旗狼山山地。种仁可代“郁李仁”入药。该种为内蒙古重点保护植物。

豆科 Leguminosae

皂荚属 Gleditsia L.

日本皂荚 Gleditsia japonica Miq.

乔木，乌拉特后旗有栽培，用于园林绿化。果实是医药、食品、保健品、化妆品及洗涤用品的原料。

槐属 Sophora L.

苦豆子 Sophora alopecuroides L.

蒙古名：胡兰–宝雅

别　名：苦甘草、苦豆根

多年生耐盐旱生草本，多生于盐湖低地的覆沙地上，见于乌拉特后旗各地。根入药，能清热解毒，主治痢疾、湿疹、牙痛、咳嗽等症。根也入蒙药，能化热、调元、燥“黄化”，表疹，主治瘟病，感冒发烧、风热、痛风、游痛症、麻疹、风湿性关节炎。枝叶可沤绿肥。为内蒙古重点保护植物。

槐 Sophora japonica L.

蒙古名：洪呼日朝格图-木德

别　名：槐树、国槐

乔木，乌拉特后旗栽培作为行道及园林绿化树种。花、果炒熟可代茶。花为黄色染料。槐花花蕾可食。花蕾、花、果、枝、叶入药，能清热、凉血、止血、降压，主治便血、痔疮出血、痢疾、吐血、子宫出血、高血压、烫火伤。枝叶外用，治湿疹、疥癣。

龙爪槐(变种)Sophora japonica L. var.pendula Hort.

别　名:垂槐、盘槐

小乔木,乌拉特后旗栽培作园林绿化树种。

沙冬青属 Ammopiptanthus Cheng f.

沙冬青 Ammopiptanthus mongolicus (Maxim.) Cheng f.

蒙古名：萌合-哈日嘎纳

别　名：蒙古黄花木

强旱生常绿灌木，生于沙质或沙砾质荒漠，见于乌拉特后旗狼山以北地区。该种为有毒植物，羊偶尔采食其花，采食过多可致死。可作固沙植物。枝、叶入药，能祛风、活血、止痛，外用主治冻疮、慢性风湿性关节痛。为国家二级重点保护植物。

黄华属(野决明属)Thermopsis R. Br.

披针叶黄华 Thermopsis lanceolata R. Br

蒙古名:他日巴干–希日

别　名:苦豆子、面人眼睛、绞蛆爬、牧马豆

多年生中旱生草本,生于草甸草原、盐化草甸、沙质地或石质山坡,见于乌拉特后旗巴音镇及潮格镇。全草入药,能祛痰、镇咳,主治痰喘咳嗽。

苜蓿属Medicago L.

紫花苜蓿Medicago sativa L.

蒙古名:宝日–查日嘎苏

别　名:紫花苜蓿、苜蓿

多年生草本,为优良栽培牧草,乌拉特后旗有栽培。全草入药,能开胃、利尿排石,主治黄疸、浮肿、尿路结石。也可作绿肥改良土地。

天蓝苜蓿 Medicago lupulina L.

蒙古名：呼和-查日嘎苏

别　名：黑荚苜蓿

一年生或二年生中生草本，多生于微碱性草甸、砂质草原、田边、路旁等处，见于乌拉特后旗巴音镇。为优等饲用植物。全草入药，能舒筋活络、利尿，主治坐骨神经痛、风湿筋骨痛、黄疸型肝炎、白血病。

草木樨属Melilotus Adans.

草木樨Melilotus suaveolens Ledeb.

蒙古名:呼庆黑

别　名:黄花草木樨、马层子、臭苜蓿

一年生或两年生旱中生草本,多生于河滩、沟谷、湖盆洼地等低湿地生境中,见于乌拉特后旗农区及类似地区。为优等饲用植物。全草入药,能芳香化浊、截疟,主治暑湿胸闷、口臭、头胀、头痛、痢疾、疟疾等。全草入蒙药,能清热、解毒、杀"粘",主治毒热、陈热。

白花草木樨 Melilotus albus Desr.

蒙古名:查干-呼庆黑

别　名:白香草木樨

一年生或两年生中生草本,生于路边、沟旁、盐碱地及草甸等生境中,见于乌拉特后旗山前地区及潮格镇。用途同草木樨。

紫穗槐属 Amorpha L.

紫穗槐 Amorpha fruticosa L.

蒙古名：宝日–特如图–槐子

别　名：棉槐、椒条

中生灌木，乌拉特后旗栽培作为绿化树种。枝条可作造纸及人造纤维原料。嫩枝叶可作饲料。

刺槐属 Robinia L.

刺槐 Robinia pseudoacacia L.

乔木，乌拉特后旗栽培作为行道或园林绿化树种。嫩叶及花可食。花、茎皮、根、叶入药，能凉血、止血，主治便血、咯血、吐血、子宫出血。

苦马豆属Sphaerophysa DC.

苦马豆 Sphaerophysa salsula (Pall.) DC.

蒙古名：洪呼图-额布斯

别　名：羊卵蛋、羊尿泡

多年生耐碱耐旱草本，生于草原带的盐碱性荒地、河岸低湿地、沙质地等，也进入荒漠带，见于乌拉特后旗中南部。全草、果入药，能利尿、止血，主治肾炎、肝硬化腹水、慢性肝炎浮肿、产后出血。

锦鸡儿属 Caragana Fabr.

短脚锦鸡儿 Caragana brachypoda Pojark.

蒙古名:好伊日格-哈日嘎纳

强度旱生矮小灌木,多生于覆沙坡地及砂砾质荒漠中,见于乌拉特后旗狼山以北地区。为良好饲用植物。

白皮锦鸡儿 Caragana leucophloea Pojark.

蒙古名:阿拉坦-哈日嘎纳

荒漠旱生灌木,生长于干河床和薄层覆沙地,见于乌拉特后旗西北部中蒙边境附近。

狭叶锦鸡儿 Caragana stenophylla Pojark.

蒙古名:纳日音–哈日嘎纳

别　名:红柠条、羊柠角、红刺、柠角

旱生小灌木,生于砂砾质土壤、覆沙地及砾石质坡地,见于乌拉特后旗狼山及以北地区。为良好饲用植物。

垫状锦鸡儿 Caragana tibetica Kom.

蒙古名：特布都–哈日嘎纳

别　名：康青锦鸡儿、藏锦鸡儿

旱生垫状矮灌木。为草原化荒漠的建群种，见于乌拉特后旗东北部及潮格镇。为中等饲用植物。

小叶锦鸡儿 Caragana microphylla Lam.

蒙古名：乌禾日-哈日嘎纳、阿拉他嘎纳

别　名：柠条、连针

旱生灌木，乌拉特后旗巴音镇有栽培。为良好饲用植物，全草、根、花、种子入药。花能降压，主治高血压。根能祛痰止咳，主治慢性支气管炎。全草能活血调经，主治月经不调。种子能祛风止痒、解毒，主治神经性皮炎、牛皮癣、黄水疮等症。种子入蒙药，能清热、消“奇哈”，主治咽喉肿痛、高血压、血热头痛、脉热。

柠条锦鸡儿 Caragana korshinskii Kom.

蒙古名：查干-哈日嘎纳

别　名：柠条、白柠条、毛条

沙漠旱生灌木。生于荒漠、荒漠草原地带的流动沙丘及半固定沙地，见于乌拉特后旗各地。为中等饲用植物。可作固沙造林树种，枝条可作人造板材原料。

中间锦鸡儿Caragana intermedia Kuang et H.C.Fu

蒙古名：宝特-哈日嘎纳

别　名：柠条

沙生旱生灌木。生长于荒漠草原地带的沙丘或沙地上。乌拉特后旗人工栽培作为固沙植物。为良等饲用植物。全草、根、花、种子入药，功能、主治同小叶锦鸡儿。种子入蒙药，功能、主治同上。可作固沙造林树种，枝条可作人造板原料。

雀儿豆属 Chesneya Lindl ex Endl

蒙古雀儿豆 Chesneya mongolica Maxim.

蒙古名：希日－奥日都得

别　名：蒙古切思豆

多年生荒漠旱生草本。生长于沙砾质荒漠，见于乌拉特后旗西北部，为内蒙古草原重点保护植物。

海绵豆属Spongiocarpella Yakovl.et Ulzij.

红花海绵豆Spongiocarpella grubovii (Ulzij.) Yakovl.

蒙古名：乌兰-色宝日其格

别　名：大花雀儿豆、红花雀儿豆

荒漠旱生垫状半灌木。生于荒漠区或荒漠草原的山地石缝中、剥蚀残丘或沙地上，见于乌拉特后旗北部地区。为内蒙古重点保护植物。

米口袋属 Gueldenstaedtia Fisch.

狭叶米口袋 Gueldenstaedtia stenophylla Bunge

蒙古名:纳日音-莎勒吉日

别　名:地丁

多年生旱生草本。生于草原带的沙质草原,见于乌拉特后旗狼山及山前冲积扇上,偶见于狼山以北地区。为良好饲用植物,全草入药,能清热解毒,主治痈疽、疔毒、瘰疬、恶疮、黄疸、痢疾、腹泻、目赤、喉痹、毒蛇咬伤。

甘草属Glycyrrhiza L.

甘草 Glycyrrhiza uralensis Fisch.

蒙古名：希禾日–额布斯

别　名：甜草苗

多年生中旱生草本。生于碱化沙地、沙质草原。见于乌拉特后旗狼山山前农区及山后个别地段，根入药，能清热解毒、润肺止咳、调和诸药等。根及根茎入蒙药，能止咳润肺、滋补、止吐、止渴、解毒，是国家二级重点保护植物。

黄芪属 Astragalus L.

草木樨状黄芪 Astragalus melilotoides Pall.

蒙古名：哲格仁–希勒比

别　名：扫帚苗、层头、小马层子

多年生旱生草本。生于轻壤质土壤上，见于乌拉特后旗各地。为良等饲用植物。全草入药，能祛湿，主治风湿性关节疼痛、四肢麻木。

粗状黄芪 Astragalus hoantchy Franch.

蒙古名：乌日德音–好恩其日

别　名：乌拉特黄芪、黄芪、贺兰山黄芪

多年生旱生草本。散生于草原区和荒漠区的石质山坡或沟谷中，见于乌拉特后旗狼山中。为内蒙古重点保护植物。

了墩黄芪 Astragalus pavlovii B.Fedtsch.et Bosil

蒙古名：刘音-好恩其日

别　名：刘氏黄芪、甘新黄芪

一年生旱生草本。散生于荒漠区的干河床、浅洼地、沙质地及路旁，见于乌拉特后旗西北部。

单叶黄芪 Astragalus efoliolatus Hand.– Mazz.

蒙古名：当–那布其图–好恩其日

多年生旱生矮小草本。生长于荒漠草原的沙地、河漫滩等处，见于乌拉特后旗潮格镇。

长毛荚黄芪 Astragalus monophyllus Bunge ex Maxim.

蒙古名：乌苏日呼-好恩其日

多年生旱生矮小草本。生长于荒漠地区的砾石山坡、戈壁，见于乌拉特后旗北部。

细弱黄芪 Astragalus miniatus Bunge

蒙古名：塔希古–好恩其日

别　名：红花黄芪、细茎黄芪

多年生旱生草本。生于草原和荒漠草原带的砾石质坡地及盐化低地，见于乌拉特后旗中部。

灰叶黄芪Astragalus discolor Bunge ex Maxim.

蒙古名:柴布日-好恩其日

多年生旱生草本。生于荒漠草原或荒漠地带的砾质或沙质地,见于乌拉特后旗狼山中。

斜茎黄芪 Astragalus adsurgens Pall.

蒙古名：矛日音-好恩其日

别　名：直立黄芪、马拌肠

多年生中旱生草本。生于草甸草原，见于乌拉特后旗山前农区。为优等饲用植物。种子可作“沙苑子”入药，能补肝肾、固精、明目，主治腰膝酸疼、遗精早泄、尿频、遗尿、白带、视物不清等症。

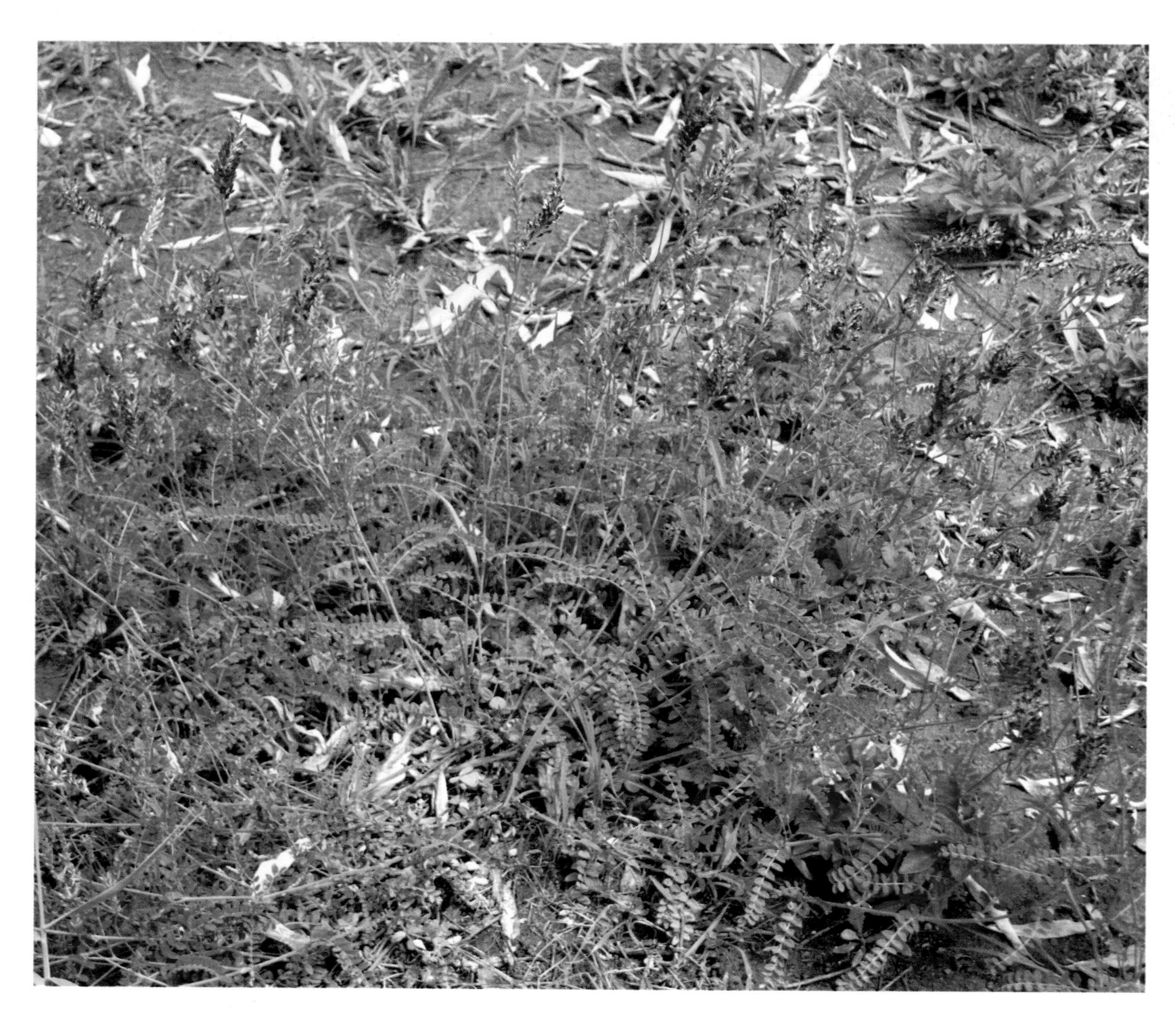

沙打旺(栽培变种)Astragalus adsurgens Palll. cv.'shadawang'

蒙古名:特哲林–好恩其日

乌拉特后旗曾有栽培,现多逸出。见于路边、绿地、居民点附近,为良好牧草。

变异黄芪 Astragalus variabilis Bunge ex Maxim.

蒙古名：浩日图-好恩其日

多年生旱生草本。乌拉特后旗分布有两种形态：一种开淡蓝紫色或淡紫红色的花，荚果细长，见于狼山沟谷中及山前冲积扇上；一种开白色或淡黄色的花，荚果粗短，见于乌拉特后旗北部的干河床、浅洼地中。二者均有毒，春、夏季开花时毒性最强，牧民解毒方法是灌酸奶汤、醋等。

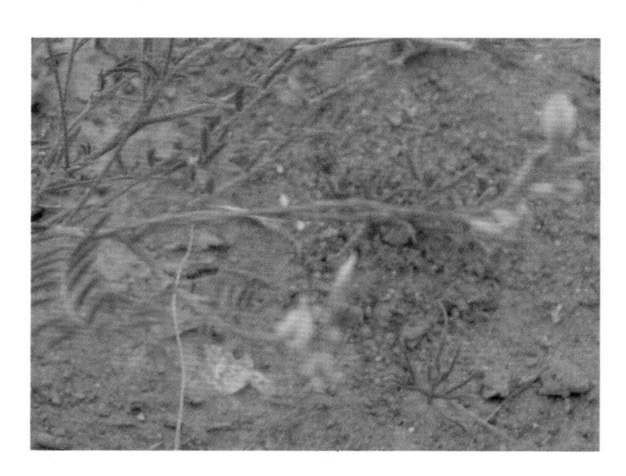

糙叶黄芪 Astragalus scaberrimus Bunge

蒙古名：希日古恩-好恩其日

别　名：春黄芪、掐不齐

多年生旱生植物。生于草原带的山坡、草地和沙质地，见于乌拉特后旗中、南部及狼山中。为中等饲用植物。

圆果黄芪 Astragalus junatovii Sancz.

蒙古名:布格仍黑-好恩其日

多年生旱生草本,生长于荒漠草原的砾质沙地,见于乌拉特后旗中部。

白花黄芪 Astragalus galactites Pall.

蒙古名：希敦–查干、查干–好恩其日

别　名：乳白花黄芪

多年生旱生草本。生于草原或荒漠草原的砾石质和砂砾质土壤，见于乌拉特后旗中南部，为中等饲用植物。

卵果黄芪Astragalus grubovii Sancz.

蒙古名：温得格勒金–好恩其日

别　名：新巴黄芪、拟糙叶黄芪

多年生旱生草本。生于草原及荒漠区的砾质或沙质地、干河谷、山麓或湖盆边缘，见于乌拉特后旗各地。

淡黄芪 Astragalus dilutus Bunge

蒙古名：成禾日–好恩其日

多年生旱生草本。生于荒漠草原或荒漠区的砾质山坡，见于乌拉特后旗狼山南部低山阳坡及山前冲积扇上。

小花兔黄芪(变种)Astragalus laguroides Pall. var.micranthus S. B. Ho

蒙古名:淘日埃—好恩其日

多年生旱生草本,生长于荒漠区的沙质地。见于乌拉特后旗北部。

胀萼黄芪 Astragalus ellipsoideus Ledeb.

蒙古名：照布格日–好恩其日

多年生旱生草本，生于荒漠草原或荒漠区的砾质山坡或山前砾质沙地，见于乌拉特后旗狼山。

阿卡尔黄芪 Astragalus arkalycensis Bunge

蒙古名：阿日嘎林-好恩其日

别　名：草原黄芪

旱生多年生草本，生长于砾质山坡。见于乌拉特后旗狼山山前冲积扇上。

棘豆属 Oxytropis DC.

刺叶柄棘豆 Oxytropis aciphylla Ledeb.

蒙古名:奥日图哲

别　名:猫头刺、鬼见愁、老虎爪子

旱生垫状半灌木。生长于荒漠草原砾石质平原、薄层覆沙地以及丘陵坡地,见于乌拉特后旗狼山山地、山前冲积扇及山后广大地区。为中等饲用植物,其茎叶捣碎煮汁可治脓疮。

胶黄芪状棘豆 Oxytropis tragacanthoides Fisch.

蒙古名：柴布日–奥日图哲

旱中生矮小半灌木。生于半荒漠及荒漠区的山地草原、石质和砾质阳坡。见于乌拉特后旗狼山浩日格地区。

异叶棘豆 Oxytropis diversifolia Pet.–Stib.

蒙古名：好比日没乐–奥日图哲

别　名：二型叶棘豆、变叶棘豆

多年生旱生矮小草本。生长于荒漠草原的沙质草原、低丘、干河床及山地草原中，见于乌拉特后旗中部及狼山浩日格地区。

砂珍棘豆 Oxytropis gracilima Bunge

蒙古名：额勒苏音-奥日图哲、炮静-额布斯

别　名：泡泡草、砂棘豆

多年生旱生草本，生长于沙丘、河岸沙地及沙质坡地，见于乌拉特后旗中西部。全草入药，能消食健脾，主治小儿消化不良。

狼山棘豆 Oxytropis langshanica H. C. Fu

蒙古名：狼山-奥日图哲

多年生旱生草本。生长于荒漠草原的沙质地。见于乌拉特后旗宝音图地区。

鳞萼棘豆 Oxytropis squammulosa DC.

蒙古名:查干-奥日图哲

多年生旱生矮小草本。伴生于荒漠草原和荒漠植被中,常生于砾石质山坡与丘陵、砂砾质河谷阶地薄层沙质土上。偶见于乌拉特后旗狼山东乌盖沟中。

小花棘豆 Oxytropis glabra (Lam.) DC.

蒙古名：扫格图-奥日图哲、扫格图-额布斯、霍勒-额布斯

别　名：醉马草、包头棘豆

多年生草甸中生草本。生长于低湿地上，见于乌拉特后旗山前地区及山后水库附近，为有毒植物。

小叶小花棘豆(变种)Oxytropis glabra (Lam.)DC.var.**tannis** Palib.

多年生草甸草本。生长于盐渍化低湿草甸,见于乌拉特后旗狼山浩日格地区。

岩黄芪属Hedysarum L.

细枝岩黄芪Hedysarum scoparium Fisch. et Mey.

蒙古名：好尼音–他日波勒吉

别　名：花棒、花柴、花帽、花秧、牛尾梢

旱生灌木。生长于固定及流动沙丘，见于乌拉特后旗西北部。作为固沙树种栽培，并为主要飞播造林树种。为优良固沙植物和优等饲用植物。

塔落岩黄芪 Hedysarum laeve Maxim.

蒙古名：陶尔落格–他日波勒吉

别　名：羊柴

旱生半灌木。生长于半固定及流动沙丘上，乌拉特后旗有栽培，并为主要飞播造林树种。为优良固沙植物和优等饲用植物。

短翼岩黄芪 *Hedysarum brachypterum* Bunge

蒙古名：楚勒音-他日波勒吉

多年生旱生草本。生长于荒漠草原地带的石质山坡、丘陵地和砾石平原，见于乌拉特后旗中部及狼山浩日格地区。

华北岩黄芪 Hedysarum gmelinii Ledeb.

蒙古名：伊曼–他日波勒吉

别　名：刺岩黄芪、矮岩黄芪

多年生旱生草本，常散生于典型草原和森林草原的砾石质土壤上，见于乌拉特后旗狼山浩日格地区。为良好饲用植物。

胡枝子属 Lespedeza Michx.

牛枝子（变种）Lespedeza davurica (Laxm.) Schindl. var.**potaninii** (V. Vassil.) Liou f.

蒙古名：乌日格斯图－呼日布格

别　名：牛筋子

旱生小半灌木，生长于荒漠草原的砾石性丘陵坡地及干燥沙质地，见于乌拉特后旗各地。为中等饲用植物。

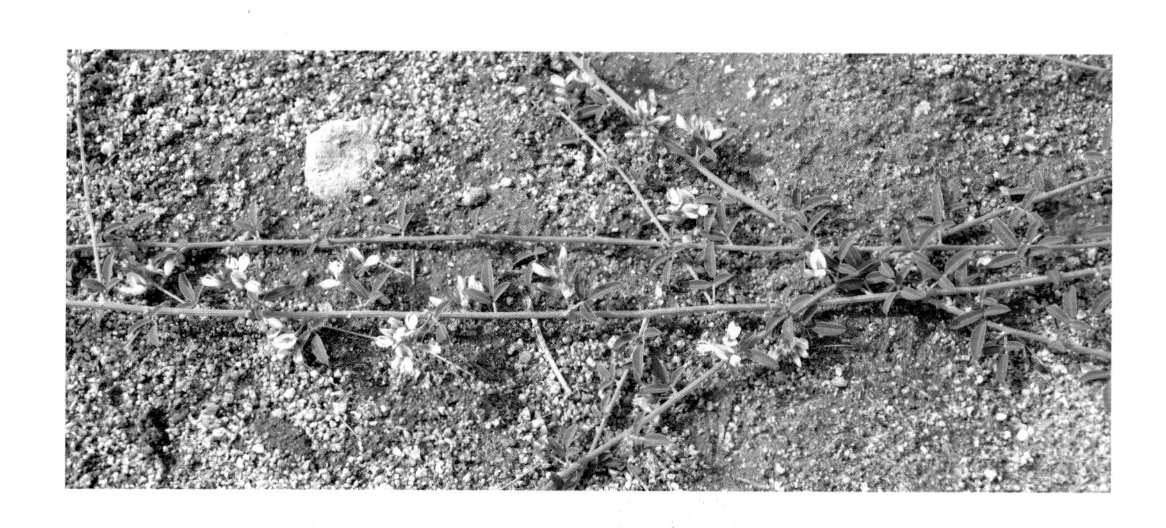

野豌豆属 Vicia L.

肋脉野豌豆 Vicia costata Ledeb.

蒙古名:扫达拉图-给哈

别　名:新疆野豌豆

多年生中旱生草本,生于山地丘陵的砾石质坡地上,见于乌拉特后旗狼山中西部。为优等饲用植物。

山野豌豆 Vicia amoena Fisch.

蒙古名：乌拉音-给希

别　名：山黑豆、落豆秧、透骨草

多年生旱中生草本。生于山地林缘、灌丛和草甸草原群落中。见于乌拉特后旗巴音镇。为优等饲用植物。全草入蒙药，能解毒、利尿，主治水肿。

大花野豌豆 Vicia bungei Ohwi

蒙古名:伊和-给希

多年生草本,偶见于乌拉特后旗狼山中。

牻牛儿苗科 Geraniaceae

牻牛儿苗属 Erodium L'Herit

牻牛儿苗 Erodium stephanianum Willd.

蒙古名：曼久亥

别　名：太阳花

一年生或两年生旱中生草本。生于山坡、河岸、干草甸子、沙质草原、田间、路旁。见于乌拉特后旗山前农区。全草入药，能祛风湿、活血通络、止泻痢，主治风寒湿痹、筋骨疼痛、肌肉麻木、肠炎痢疾等。

短喙牻牛儿苗 Erodium tibetanum Edgew.

蒙古名:高壁音—曼久亥

一年或两年生强旱生矮小草本,生于荒漠草原及荒漠区的砾石质戈壁、石质沙丘及干河床,见于乌拉特后旗除农区和沙区以外的地区。

老鹳草属 Geranium L.

鼠掌老鹳草 Geranium sibiricum L.

蒙古名：西比日–西本德格来

别　名：鼠掌草

多年生中生草本。生于河滩湿地、沟谷、山坡草地及居民点附近，见于乌拉特后旗狼山及山前农区。全草也作老鹳草入药。全草也作蒙药，能明目、活血调经，主治结膜炎、月经不调、白带。

突节老鹳草 Geranium japonicum Franch.et Sav.

蒙古名：委图–西木德格来

多年生中生草本，生于草甸及路边湿地，见于乌拉特后旗巴音镇。

蒺藜科 Zygophyllaceae

白刺属 Nitraria L.

小果白刺 Nitraria sibirica Pall.

蒙古名：哈日莫格

别　名：西伯利亚白刺、蛤蟆儿

旱生灌木。生于轻度盐渍化低地、湖盆边缘、干河床边，见于乌拉特后旗除狼山以外的各地。果实可食并入药，能健脾胃、滋补强壮、调经活血，主治身体瘦弱、气血两亏、脾胃不和、消化不良、月经不调、腰腿疼痛等。果实也入蒙药，能健脾胃、助消化、安神解表、下乳，主治脾胃虚弱、消化不良、神经衰弱、感冒。

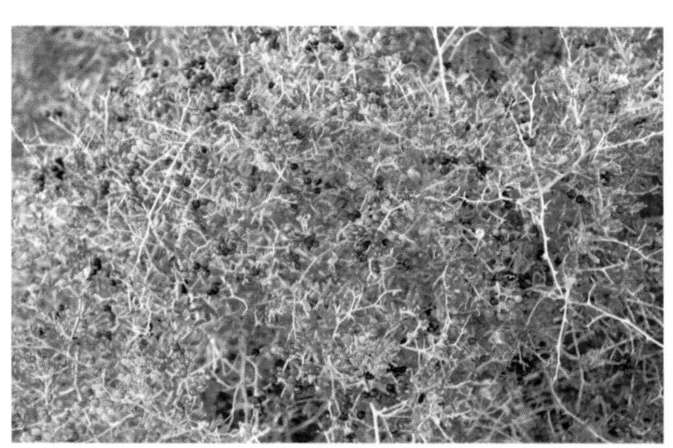

白刺 Nitraria tangutorum Bobr.

蒙古名：唐古特-哈日莫格

别　名：唐古特白刺

旱生灌木。生于古河床阶地、内陆湖盆边缘及盐化低湿地。见于乌拉特后旗山前及山后地区。用途同小果白刺，为优良固沙植物。属内蒙古重点保护植物。

大白刺 Nitraria roborowskii Kom.

蒙古名：陶日格-哈日莫格

别　名：齿叶白刺、罗氏白刺

旱生灌木。生于低地边缘、路边等，见于乌拉特后旗山前西部及山后地区。为优良固沙植物，果实可食。

球果白刺 Nitraria sphaerocarpa Maxim.

蒙古名：楚乐音–哈日莫格

别　名：泡泡刺、膜果白刺

超旱生灌木。生于砂砾质戈壁及石质残丘的坡地，见于乌拉特后旗西北部及北部荒漠地区。为良等饲用植物。

骆驼蓬属 Peganum L.

骆驼蓬 Peganum harmala L.

蒙古名：乌没黑–超布苏

多年生旱生草本。生于荒漠区盐化低地，见于乌拉特后旗西北部。

匍根骆驼蓬 Peganum nigellastrum Bunge

蒙古名:哈日–乌没黑–超布苏

别　名:骆驼蓬、骆驼蒿

多年生旱生草本。多生于居民点附近、旧舍地、水井边、路旁及过牧草场上,见于乌拉特后旗各地。全草及种子入药,全草有毒!能祛湿解毒、活血止痛、宣肺止咳,主治关节炎、月经不调、支气管炎、头痛等症。种子能活筋骨、祛风湿,主治咳嗽气喘、小便不利、癔病、瘫痪及筋骨酸痛等症。

霸王属 Zygophyllum L.

霸王 Zygophyllum xanthoxylon (Bunge)Maxim.

蒙古名：胡迪日

强旱生灌木。生于半荒漠及荒漠地带的戈壁覆沙地、石质残丘坡地、固定与半固定沙地、干河床边、沙砾质丘间平地。见于乌拉特后旗狼山西段的山地及山前冲积扇上以及山后地区。中等饲用植物。优良固沙树种并可作燃料。根入药，能行气散满，主治腹胀。属内蒙古重点保护植物。

石生霸王 Zygophyllum rosovii Bunge

蒙古名：海依日音–胡迪日

别　名：若氏霸王

多年生强旱生肉质草本。生于荒漠及荒漠地带的砾石质山坡、峭壁、碎石地及沙丘地上，见于乌拉特后旗西北部，为中等饲用植物。

粗茎霸王 Zhgophyllum loczyi Kanitz

蒙古名：陶木–胡迪日

一年或二年生强旱生肉质草本。生于低山、洪积平原、砾质戈壁、盐化沙地，见于乌拉特后旗北部。

大花霸王 Zygophyllum potaninii Maxim.

蒙古名:陶日格-胡迪日

别　名:包氏霸王

多年生旱生肉质草本。生于砾质荒漠、石质残丘、碎石坡地,见于乌拉特后旗西北部及北部。

翼果霸王 Zygophyllum pterocarpum Bunge

蒙古名：达拉巴其特–胡迪日

多年生强旱生肉质草本。生于荒漠和草原化荒漠地带的石质残丘坡地、砾石质戈壁、干河床边、路边等处，见于乌拉特后旗狼山以北地区。

蒺藜属 Tribulus L.

蒺藜 Tribulus terrestris L.

蒙古名:伊曼-章古

一年生中生草本。生于沙质荒地、山坡、路旁、田间等,见于乌拉特后旗各地。果实入药,能平肝明目、散风行血,主治头痛、皮肤瘙痒、目赤肿痛、乳汁不通等。果实也入蒙药,能补肾助阳、利尿清肿,主治阳痿肾寒、淋病、小便不利。

芸香科 Rutaceae

拟芸香属 Haplophyllum Juss.

北芸香 Haplophyllum dauricum(L.)Juss.

蒙古名：呼吉-额布苏

别　名：假芸香、单叶芸香、草芸香

多年生旱生草本。广布于草原和森林草原区，亦见于荒漠草原区的山地和覆沙地。见于乌拉特后旗狼山，为良等饲用植物。

花椒属 Zanthoxylum Linn.

花椒 Zanthoxylum bungeanum Maxim.

别　名：香椒、山椒、大花椒

小乔木或灌木。本旗呼和温都尔嘎查牧民院中有栽培，果皮可做调味品，亦可入药，有温中止痛、降湿止泻、杀虫止痒的功效。

苦木科 Simarubaceae

臭椿属 Ailanthus Desf.

臭椿 Ailanthus altissima(Mill.)Swingle

蒙古名：乌没黑–尼楚根–好布鲁

别　名：樗

中生乔木。乌拉特后旗栽培用于行道及园林绿化树种，木材可作家具及建筑用，还可造纸。叶可饲养椿蚕，根皮及果实入药，根皮能清热燥湿、湿肠止血，主治泄泻、久痢、肠风下血、遗精、白浊、崩漏带下。果实能清热利尿、止痛、止血，主治胃痛、便血、尿血，外用治阴道滴虫。

楝科 Meliaceae

香椿属 Toona Roem.

香椿 Toona sinensis(A.Juss.)Roem.

别　名:香椿子、香椿芽、山椿、虎目树

乔木。乌拉特后旗呼和温都尔嘎查牧民院中有栽培,嫩芽及幼叶可作蔬菜食用。树皮及果入药,有收敛止血、去湿止痛作用。

远志科 Polygalaceae

远志属 Polygala L.

远志 Polygala tenuifolia Willd.

蒙古名：吉如很-其其格

别　名：细叶远志、小草

多年生旱生草本。生于石质草原及山坡。见于乌拉特后旗狼山及其山前冲积扇。根入药，能益智安神、开郁豁痰、消痈肿，主治惊悸健忘、失眠多梦、咳嗽多痰、支气管炎、痈疽疮肿。根皮入蒙药，能排脓、化痰、润肺、锁脉、消肿、愈伤，主治肺脓肿、痰多咳嗽、胸伤。属内蒙古重点保护植物。

大戟科 Euphorbiaceae

蓖麻属 Ricinus L.

蓖麻 Ricinus communis L.

蒙古名：达麻子、额任特

别　名：大麻子

一年生大型草本。乌拉特后旗有少量栽培，种仁含油量高达70%。种子、根及叶入药。种子有毒，能消肿排脓、拔毒。蓖麻油能润肠通便。叶有小毒，能消肿拔毒止痒，根能祛风活血、止痛镇静。种子也作蒙药用，能泻下、消肿。

大戟属 Euphorbia L.

乳浆大戟 Euphorbia esula L.

蒙古名：查干-塔日努

别　名：猫儿眼、烂疤眼

多年生草本。生长于草原、山坡、干燥沙质地，见于乌拉特后旗狼山浩日格地区及巴音镇。全草入药，有毒，能利尿消肿、拔毒止痒，主治四肢浮肿、小便不利、疟疾。外用治淋巴结结核、疮癣瘙痒等。全草入蒙药，能破淤、排脓、利胆、催吐，主治肠胃湿热、黄疸。外用治疥癣、疮痈。

地锦 Euphorbia humifusa Willd.

蒙古名：马拉盖音-扎拉-额布苏

别　名：铺地锦、铺地红、红头绳

一年生中生草本。生于田野、路旁、河滩及固定沙地。见于乌拉特后旗狼山及山前地区。全草入药，能清热利湿、凉血止血、排毒消肿；外用治创伤出血、跌打肿痛、疮疖、皮肤湿疹及毒蛇咬伤等。全草也作蒙药，能止血、燥“黄水”、愈伤、清脑、清热。

漆树科 Anacardiaceae

盐肤木属 Rhus L.

火炬树 Rhus typhina L.

别　名：鹿角漆

小乔木。乌拉特后旗栽培作园林绿化树种。

卫矛科 Celastraceae

卫矛属 Euonymus L.

华北卫矛 Euonymus maackii Ruor.

蒙古名：陶日格–额莫根–查干

中生灌木或小乔木。乌拉特后旗有栽培，用于作行道及园林绿化树种。

槭树科 Aceraceae

槭树属 Acer L.

元宝槭 Acer truncatum Bunge

蒙古名:哈图–查干

别　名:华北五角槭

中生乔木,乌拉特后旗巴音镇栽培作园林绿化树种。

无患子科 Sapindaceae

文冠果属 Xanthoceras Bunge

文冠果 Xanthoceras sorbifolia Bunge

蒙古名：甚吨-毛都

别　名：木瓜、文冠树

中生灌木或小乔木。乌拉特后旗有少量栽培，种油可供食用和工业用。茎和枝的木质部作蒙药，能燥“黄水”、清热、消肿、止痛，主治游痛症、痛风、热性“黄水”病、麻风病、清腿病、皮肤瘙痒、癣、脱发、黄水疮、风湿性心脏病、关节疼痛、淋巴结肿大、浊热。

凤仙花科 Balsaninaceae

凤仙花属 Impatiens L.

凤仙花 Impatiens balsamina L.

蒙古名：好木存–宝都格–其其格

别　名：急性子、指甲草、指甲花

一年生草本。乌拉特后旗栽培作观赏植物，全草入药，能活血通络、祛风止痛、主治跌打损伤、瘀血肿痛、痈疖疔疮、蛇咬伤等。种子入药，能活血通经、软坚、消积，主治闭经、难产、肿块、积聚、跌打损伤、瘀血肿痛、风湿性关节炎、痈疖疔疮。花作蒙药用，能利尿消肿，主治浮肿、慢性肾炎、膀胱炎等。

鼠李科 Rhamnaceae

枣属 Zizyphus Mill.

酸枣(变种)Zizyphus jujuba Mill.var.spinosa(Bunge)Hu

蒙古名:哲日力格–查巴嘎

别　名:棘(诗经)

旱中生灌木或小乔木。生于干燥平原、丘陵及山谷,见于乌拉特后旗狼山山地南部。种子及树皮、根皮入药。种子能宁心安神、敛汗,主治虚烦不眠、惊悸、健忘、体虚多汗等;树皮、根皮能收敛止血,主治便血、烧烫伤、月经不调、崩漏、白带、遗精、淋浊、高血压等。为良好的水土保持树种。

枣(变种)Zizyphus jujuba Mill.var. inermis (Bunge) Rehd.

蒙古名:查巴嘎

别　名:无刺枣

小乔木。乌拉特后旗有栽培。果实为食用果品,又可入药(药材名:大枣),能补脾胃、润心肺、益气养营,主治脾胃虚弱、惊悸失眠、营卫不和、气血津液不足等。

鼠李属 Rhamnus L.

柳叶鼠李 Rhamnus erythroxylon Pall.

蒙古名：哈日-牙西拉

别　名：黑格兰、红木鼠李

旱中生灌木。见于乌拉特后旗狼山东部山谷中，叶入药，能消食健胃、清热去火，主治消化不良、腹泻。

葡萄科 Vitaceae

葡萄属 Vitis L.

欧洲葡萄 Vitis vinifera L.

蒙古名:乌吉母

别　名:蒲陶、草龙珠

木质藤本。乌拉特后旗有栽培。主要品种有玫瑰香、龙眼、无核白等。果实除生食外,可酿酒、制葡萄干等;果、根、藤均入药,果能解表透疹、利尿,主治风湿骨痛、水肿;外用治骨折。果实也作蒙药用,能清肺透疹,主治老年气喘、肺热咳嗽、支气管炎、麻疹不透。

美洲葡萄 Vitis labrusca L.

蒙古名：乌斯–乌吉母

木质藤本。乌拉特后旗有少量栽培。主要品种有巨峰、白香蕉等。果实可酿葡萄酒或生食。该种与欧洲葡萄的区别在于：欧洲葡萄的卷须呈断续性，果肉与种子易分离；而美洲葡萄的卷须呈连续性，果肉与种子不易分离。

蛇葡萄属(白蔹属)Ampelopsis Michx.

掌裂草葡萄(变种) Ampelopsis aconitifolia Bunge var.glabra Diels et Gilg

蒙古名:给拉格日-毛盖-乌吉母

别　名:光叶草葡萄

中生木质藤本。见于乌拉特后旗狼山的沟谷中。块根入药,能清热解毒、豁痰,主治结核性脑膜炎、痰多胸闷、禁口痢。

爬山虎属 Parthenocissus Planch.

五叶地锦 Parthenocissus quinquefolia Planch.

别　名：地锦、爬墙虎

木质藤木。乌拉特后旗广泛栽培，可实现屋面及墙壁的绿化。

锦葵科 Malvaceae

木槿属 Hibiscus L.

野西瓜苗 Hibiscus trionum L.

蒙古名：塔古-诺高

别　名：和尚头、看铃草

一年生中生草本。生于田野、路旁、村边等处。见于乌拉特后旗山前地区。全草及种子入药，全草能清热解毒、祛风除湿、止咳、利尿，主治急性关节炎、感冒咳嗽、肠炎痢疾。外用治烧伤、烫伤、疮毒。种子能润肺止咳、补肾，主治肺结核、咳嗽、肾虚头晕、耳鸣耳聋。

锦葵属Malva L.

锦葵Malva sinensis Cavan.

蒙古名：额布乐吉乌日–其其格

别　名：荆葵、钱葵、小熟钱

一年生草本。乌拉特后旗栽培作观赏用，也有逸出者。果实及花作蒙药用（蒙药名：奥母展巴），功能、主治同野葵。

野葵Malva verticillata L.

蒙古名：札木巴-其其格

别　名：苋葵、冬苋菜

一年生中生草本。生于田间、路旁、村边等。见于乌拉特后旗山前农区及山后有类似条件的地区。种子作“冬葵子”入药，能利尿、下乳、通便；果实作蒙药用，能利尿通淋、清热消肿、止渴，主治尿闭、淋病、水肿、口渴、肾热、膀胱热。

蜀葵属 Althaea L.

蜀葵 Althaea rose (L.)Cavan.

蒙古名：哈鲁–其其格

别　名：大熟钱、蜀季花、淑气花

一年生草本。乌拉特后旗栽培作为观赏用。根、种子、花均可入药。根能清热解毒、排脓，主治肠炎、痢疾、尿路感染、小便赤痛、宫颈炎等；种子能利尿通淋，主治尿路结石、小便不利、水肿；花、叶外用可治痈肿疮、烧伤、烫伤。花也作蒙药，能利尿通淋，主治淋病，泌尿系统感染、肾炎、膀胱炎等。

苘麻属 Abutilon Mill.

苘麻 Abutilon theophrasti Medic.

蒙古名：黑衣麻–敖拉苏

别　名：青麻、白麻、车轮草

一年生亚灌木状草本。生于田边、路旁、荒地等处。栽培植物，乌拉特后旗有逸出。茎皮纤维可作纺织原料；种子入药，能清热利湿、解毒、退翳，主治赤白痢疾、淋病涩痛、肿痛目翳。种子也入蒙药，能燥“黄水”、杀虫，主治黄水病、麻风病、癣、疥、秃疮、黄水疮、皮肤病、痛风、游痛症、青腿病、浊热。

柽柳科 Tamaricaceae

红沙属(枇杷柴属)Reaumuria L.

红沙 Reaumuria soongorica (Pall.) Maxim.

蒙古名:乌兰-宝都日嘎纳

别　名:枇杷柴、红虱

超旱生小灌木。生于荒漠及荒漠草原的砾质戈壁、盐渍低地及干河床等地。见于乌拉特后旗除农区外的大部。枝、叶入药,主治湿疹、皮炎。

柽柳属Tamarix L.

红柳Tamarix ramosissima Ledeb.

蒙古名：乌兰–苏海

别　名：多枝柽柳

耐盐潜水旱生灌木或小乔木。生于盐渍低地、古河道及湖盆边缘。见于乌拉特后旗各地。枝条柔韧，可供编织；枝、叶药用同柽柳。为良等饲用植物，又是优良的抗盐防风固沙树种。

柽柳 Tamarix chinensis Lour.

蒙古名：苏海

别　名：中国柽柳、桧柽柳、华北柽柳

耐盐灌木或小乔木。生湿润碱地、河岸冲积地及草原带的沙地。见于乌拉特后旗山前地区。嫩枝、叶入药，能疏风解表、透疹，主治麻疹不透、感冒、风湿关节痛、小便不利，外用治风湿瘙痒。嫩枝也作蒙药用，能解毒、清热、清"黄水"，透疹，主治陈热、"黄水"病、肉毒症、毒热、热症扩散、血热、麻疹。枝条可供编织，可作盐碱地造林树种。

甘蒙柽柳（亚种）Tamarix chinensis Lour.subsp.**austromongolica** (Nakai) S.Q.Zhou

蒙古名：柴布日-苏海

灌木或小乔木。见于乌拉特后旗狼山山前冲积扇积水洼地。用途同柽柳。

细穗柽柳 Tamarix leptostachys Bunge

蒙古名：那林–苏海

灌木。生于轻度盐渍化的渠畔、道旁等地，见于乌拉特后旗山前农区。用途同红柳，但枝条粗短，不宜编织。

长穗柽柳 Tamarix elongata Ledeb.

蒙古名：乌日都布图日–苏海

耐盐潜水旱生灌木。生于荒漠区盐湿低地及流沙边缘的盐化沙地，见于乌拉特后旗西南部。用途同细穗柽柳。

短穗红柳 Tamarix laxa Willd.

蒙古名：臭胡日汉–苏海

耐盐潜水旱生灌木。生于盐渍低地、沙漠边缘等地，见于乌拉特后旗山前地区。用途同细穗柽柳。

堇菜科 Violaceae

堇菜属 Viola L.

东北堇菜 Viola mandshurica W.Beck.

蒙古名:锡乐音–尼勒–其其格

别　名:紫花地丁

多年生旱生草本。乌拉特后旗栽培用于绿化,供观赏。

裂叶堇菜 Viola dissecta Ledeb.

蒙古名：奥尼图－尼勒－其其格

多年生中生草本。生长于山坡、林缘草甸等处，见于乌拉特后旗狼山。全草入药，能清热解毒，消痈肿。主治无名肿毒、疮疖、麻疹热毒。

胡颓子科 Elaeagnaceae

胡颓子属 Elaeagnus L.

沙枣 Elaeagnus angustifolia L.

蒙古名：吉格德

别　名：桂香柳、金铃花、银柳、七里香

耐盐潜水旱生灌木或小乔木。乌拉特后旗各地均有栽培。为优良防风固沙树种。果实可食用。叶为良好饲料。树皮及果实入药。树皮能清热凉血、收敛止痛，主治慢性支气管炎、胃痛、肠炎、白带，外用治烧烫伤、止血。果实能健胃止泻、镇静，主治消化不良、神经衰弱等。

千屈菜科 Lythraceae

千屈菜属 Lythrum L.

千屈菜 Lythrum salicaria L.

蒙古名:西如音–其其格

多年生湿生草本,乌拉特后旗栽培用于观赏。全草入药,能清热解毒、凉血止血,主治肠炎、痢疾、便血;外用治外伤出血。孕妇忌用。

小二仙草科 Haloragaceae

狐尾藻属 Myriophyllum L.

狐尾藻 Myriophyllum spicatum L.

蒙古名：图门德苏–额布苏

别　名：穗状狐尾藻

多年生水生草本。生于池塘、河边浅水中，见于乌拉特后旗前达门水库。

杉叶藻科 Hippuridaceae

杉叶藻属 Hippuris L.

杉叶藻 Hippuris vulgaris L.

蒙古名:嘎海音-色古乐-额布苏

多年生草本。生于池塘浅水中或河岸边湿草地,见于乌拉特后旗前达门水库。全草入药,能镇咳、疏肝、凉血止血、养阴生津、透骨蒸,主治烦渴、结核咳嗽、劳热骨蒸、肠胃炎等。全草也作蒙药(蒙药名:当布嘎日),功能、主治同上。

锁阳科 Cynomoriaceae

锁阳属 Cynomorium L.

锁阳 Cynomorium songaricum Rupr.

蒙古名：乌兰高腰

别　名：地毛球、羊锁不拉、铁棒锤、绣铁棒

多年生肉质寄生草本。多寄生于白刺属(Nitraria)植物的根上，也寄生于霸王的根上。见于乌拉特后旗各地，肉质茎药用，能补肾、助阳、益精、润肠，主治阳痿遗精、腰膝酸软、肠燥便秘。也作蒙药，能止泻健胃，主治肠热、胃炎、消化不良、痢疾等，也可酿酒或作饲料。属内蒙古重点保护植物。

伞形科 Umbelliferae

西风芹属(邪蒿属)Seseli L.

内蒙古西风芹 Seseli intramongolicumMa

蒙古名:蒙古勒-乌没黑-朝古日

别　名:内蒙古邪蒿

多年生旱生草本。生于干燥石质山坡,见于乌拉特后旗狼山浩日格地区。属内蒙古重点保护植物。

狼山西风芹 Seseli langshanense Y.Z.Zao et Y.C.Ma

多年生旱生草本。生于草原化荒漠带的山地沟谷或石质山坡，见于乌拉特后旗狼山。

阿魏属 Ferula L.

沙茴香 Ferula bungeana Kitag.

蒙古名：汉-特木日

别　名：硬阿魏、牛叫磨

多年生旱生草本。生于草原和荒漠草原的沙地，见于乌拉特后旗中北部和南部地区。全草及根入药，能清热解毒、消肿、止痛、抗结核，主治骨结核、淋巴结核、脓疡、扁桃体炎、肋间神经痛。

胀果芹属(燥芹属)Phlojodicarpus Turcz.

胀果芹 Phlojodicarpus sibiricus(Steph.ex spreng.)K.–Pol.

蒙古名:达格沙、都日根–查干

别　名:燥芹、膨果芹

多年生旱生草本。生于草原区石质山顶、向阳山坡。见于乌拉特后旗狼山。

山茱萸科 Cornaceae

梾木属 Swida Opiz

红瑞木 Swida alba Opiz

蒙古名:乌兰-塔日乃

别　名:红瑞山茱萸

灌木。乌拉特后旗栽培作园林绿化树种,用于观赏。

报春花科 Primulaceeae

点地梅属 Androsace L.

大苞点地梅 Androsace maxima L.

蒙古名：伊和-达邻-套布其

二年生旱中生矮小草本。散生于山地砾石质坡地、固定沙地及撂荒地。见于乌拉特后旗狼山。

阿拉善点地梅 Androsace alashannice Maxim.

蒙古名：阿拉善音-达邻-套布其

多年生旱生垫状植物。呈小半灌木状，生于山地草原、山地石质坡地及干旱沙地上。见于乌拉特后旗狼山，为内蒙古重点保护植物。

海乳草属Glaux L.

海乳草 Glaux maritima L.

蒙古名：苏子–额布斯

多年生耐盐中生草本。生于低湿地矮草草甸及轻度盐化草甸，见于乌拉特后旗各地的低湿盐碱地上。

白花丹科 Plumbaginaceae

补血草属 Limonium Mill.

黄花补血草 Limonium aureum (L.) Hill

蒙古名：希日－义拉干－其其格

别　名：黄花苍绳架、金匙叶草、金色补血草

多年生旱生草本。生于荒漠草原和草原带的盐化低地上，见于乌拉特后旗中部及西南部。花入药，能止痛、消炎、补血，主治各种炎症。内服治神经痛、月经少、耳鸣、乳汁少、牙痛、齿槽脓肿（煎水含漱）、感冒、发烧。外用治疮疖痈肿，属内蒙古重点保护植物。

细枝补血草 Limonium tenellum (Turcz.)O.Kuntze

蒙古名：那林–义拉干–其其格

别　名：纤叶匙叶草、纤叶矶松

多年生旱生草本。生于荒漠草原及荒漠带的干燥石质山坡、石质丘陵坡地及丘顶。见于乌拉特后旗中西部地区。

二色补血草 Limonium bicolor (Bunge)O.Kuntze

蒙古名:义拉干–其其格

别　名:苍蝇架、落蝇子花

多年生旱生草本。生于沙质土、沙砾质土及轻度盐化土壤。乌拉特后旗巴音镇有栽培。全草入药,能活血、止血、温中健脾、滋补强壮,主治月经不调、功能性子宫出血、痔疮出血、胃溃疡、诸虚体弱。属内蒙古重点保护植物。

红根补血草 Limonium erythrorhizum IK.–Gal.ex Lincz.

多年生旱生草本。生于疏松盐土、盐化河岸、沙地。见于乌拉特后旗除狼山外的各地。

木犀科 Oleaceae

白蜡树属(梣属)Fraxinus L.

洋白蜡(变种) Fraxinus pennsylvanica Marsh. var. lanceolata Sarg.

蒙古名:那林–那布其特–模和特

乔木。乌拉特后旗栽培作行道及园林绿化树种。

连翘属 Forsythia Vahl.

连翘 Forsythia suspensa (Thunb.)Vanl.

蒙古名:希日–苏日–苏灵嘎–其其格

别　名:黄绶丹

灌木。乌拉特后旗栽培作观赏用,果实入药,能清热解毒、散结消肿,主治热病、发热、心烦、咽喉肿痛、发斑发疹、疮疡、丹毒、淋巴结结核、尿路感染。又作蒙药(蒙药名:杜格么宁),能利胆、退黄、止泻,主治热性腹泻、痢疾、发烧。

丁香属 Syringa L.

红丁香 Syringa villosa Vahl.

蒙古名:乌兰-高力得-宝日

灌木。乌拉特后旗栽培作行道及园林绿化树种,供观赏。

紫丁香 Syringa oblata Lindl.

蒙古名:高力得–宝日

别　名:丁香、华北紫丁香

中生灌木或小乔木。乌拉特后旗栽培作行道及园林绿化树种,供观赏。花可提取芳香油,嫩叶可代茶用。

四季丁香 Syringa microphylla Diels

小灌木。乌拉特后旗栽培用于园林绿化，供观赏。

暴马丁香(变种) Syringa reticulata (Blume)Hara var. mandshurica (Maxim.) Hara

蒙古名:哲日力格–高力得–宝日

别　名:暴马子

中生灌木或小乔木。乌拉特后旗栽培作园林绿化树种,供观赏,花可提取芳香油。

女贞属Ligustrum L.

小叶女贞 Ligustrum quihoui Carr.

蒙古名：吉吉格-哈日宝日

别　名：小叶水蜡树

小灌木。乌拉特后旗栽培用于行道绿化或作绿篱用，供观赏。

马钱科 Loganiaceae

醉鱼草属 Buddleja L.

互叶醉鱼草 Buddleja alternifolia Maxim.

蒙古名：朝宝嘎–吉嘎存–好日–其其格

别　名：白箕稍

旱中生小灌木。乌拉特后旗栽培用于园林绿化，供观赏，花可提取芳香油。

龙胆科 Gentianaceae

龙胆属 Gentiana L.

达乌里龙胆 Gentiana dahurica Fisch.

蒙古名：达古日－主力格－其木格

别　名：小秦艽、达乌里秦艽

多年生中旱生草本。生于草原、草甸草原、山地草甸、灌丛，见于乌拉特后旗狼山浩日格地区。根入药（药材名：秦艽），能祛风湿、退虚热、止痛，主治风湿性关节炎、低热、小儿疳积发热。花入蒙药（蒙药名：呼和棒仗），能清肺、止咳、解毒，主治肺热咳嗽、支气管炎、天花、咽喉肿痛。

獐牙菜属Swertia L.

歧伞獐牙菜Swertia dichotoma L.

蒙古名：萨拉图-地格达

别　名：腺鳞草、歧伞当药

一年生中生草本。生于河谷草甸、灌丛中，见于乌拉特后旗狼山浩日格地区。

夹竹桃科 Apocynaceae

罗布麻属 Apocynum L.

罗布麻 Apocynum venetum L.

蒙古名：老布–奥鲁苏

别　名：茶叶花、野麻、红麻

耐盐中生半灌木或草本。乌拉特后旗栽培用于园林绿化，供观赏，茎皮纤维为纺织及高级用纸的原料。叶入药，能清热利水、平肝安神，主治高血压、头晕、心悸、失眠；嫩叶蒸炒后可代茶用。属内蒙古重点保护植物。

萝藦科 Asclepiadaceae

鹅绒藤属 Cynanchum L.

羊角子草 Cynanchum cathayense Tsiang et Zhang

蒙古名:少布给日一特木根一呼呼

多年生中生草质藤木。生于荒漠地带的芦苇草甸、干湖盆、干河床、低湿沙地,见于乌拉特后旗西北部。

地梢瓜 Cynanchum thesioides (Freyn) K.Schum.

蒙古名：特木根–呼呼

别　名：沙奶草、地瓜瓢、沙奶奶、老瓜瓢

多年生旱生草本。生于草原、沙地、撂荒地等处。见于除狼山外的乌拉特后旗各地。带果实的全草入药，能益气、通乳、清热降火、消炎止痛、生津止渴，主治乳汁不通、气血两虚、咽喉疼痛。外用治瘊子，种子作蒙药（蒙药名：脱莫根–呼呼–都格木宁），功能、主治同连翘。

鹅绒藤 Cynanchum chinense R.Br.

蒙古名：哲乐特-特木根-呼呼

别　名：祖子花

多年生中生草本。生于沙地、田埂、路旁、居民点附近。见于乌拉特后旗山前农区及山后种植区。根及茎的乳汁入药，根能祛风解毒、健胃止痛，主治小儿积食，茎乳汁外敷，治性疣赘。

旋花科 Convolvulaceae

打碗花属 Calystegia R.Br.

打碗花 Calystegia haderacea Wall.ex Roxb.

蒙古名:阿牙根-其其格

别　名:小旋花

一年生中生草本。生于耕地、撂荒地和路旁。见于乌拉特后旗山前农区。根茎及花入药,根茎能健脾益气、利尿、调经活血,主治脾虚消化不良、月经不调、白带、乳汁稀少,促进骨折和创伤的愈合。花外用治牙痛。

宽叶打碗花 Calystegia sepium (L.)R.Br.

蒙古名:乌日根–阿牙根–其其格

别　名:篱天剑、旋花

多年生中生草本。生于撂荒地、农田、路旁,见于乌拉特后旗巴音镇呼格吉乐广场。根入药,能清热利湿、理气健脾,主治急性结膜炎、咽喉炎、白带、疝气。

旋花属 Convolvulus L.

田旋花 Convolvulus arvensis L.

蒙古名：塔拉音-色得日根讷

别　名：箭叶旋花、中国旋花、弹线苗

多年生中生微缠绕草本。生于田间、撂荒地、村舍与路旁，见于乌拉特后旗山前地区及山后的南部地区和各水库附近。全草、花和根入药，能活血调经、止痒、祛风；全草主治神经性皮炎；花主治牙痛；根主治风湿性关节痛。为优等饲用植物。本种叶的形状、大小及花的颜色均有不同变化。

银灰旋花 Convolulus ammannii Desr.

蒙古名:宝日–额力根讷

别　名:阿氏旋花

多年生旱生矮小草本。是草原和荒漠草原的常见伴生植物,见于乌拉特后旗各地。全草入药,能解表、止咳,主治感冒、咳嗽。

刺旋花 Convolvulus tragacanthoides Turcz.

蒙古名：乌日格斯图-色得日根讷

别　名：木旋花

旱生具刺小半灌木。生长于半荒漠地带的干沟、干河床及砾石质丘陵坡地上。见于乌拉特后旗北部及中西部地区，也见于狼山山前冲积扇上。

鹰爪柴 Convolvulus gortschakovii Schrenk

蒙古名：萨布日力格-色得日根讷

别　名：郭氏木旋花

强旱生具刺半灌木或近于垫状小灌木。生于半荒漠砾质戈壁或覆沙戈壁上。见于乌拉特后旗获各琦苏木以西的丘陵地带以及呼和温都尔镇的乌兰哈少嘎查。鹰爪柴与刺旋花很相似，主要区别在于前者的分枝多少成直角开展，花单生于短的侧枝上，萼片不等大，2个外萼片显著宽于3个内萼片，后者的分枝斜上不成直角开展，花2~5朵密集生于枝端，外萼片与内萼片近于等大。

牵牛属Pharbitis Choisy

圆叶牵牛 Pharbitis purpurea (L.) Voigt

蒙古名：宝日–混达干–其其格

别　名：紫牵牛、毛牵牛、喇叭花

一年生草本。栽培植物，乌拉特后旗有逸出。种子入药(药材名：牵牛子、二丑)，有小毒，能泻下、利尿、驱虫，主治腹水、腹胀便秘、蛔虫症。

菟丝子属 Cuscuta L.

菟丝子 Cuscuta chinensis Lam.

蒙古名：希日-奥日义羊古

别　名：豆寄生、无根草、金丝藤

一年生寄生草本。寄生于草本植物上。见于乌拉特后旗山前地区及山后各水库种植区。种子入药，能补益肝肾、益精明目、安胎，主治腰膝酸软、阳痿、遗精、头晕、目眩、视力减退、胎动不安。也入蒙药（蒙药名：希拉-乌日阳古），能清热、解毒、止咳，主治肺炎、肝炎、中毒性发烧。

紫草科 Boraginaceae

砂引草属Messerschmidia L.

砂引草（变种）Messerschmidia sibirica L. var. angustior(DC.)W.T. Wang

蒙古名：好吉格日–额布斯

别　名：紫丹草、挠挠糖

多年生中旱生草本。生于沙地、沙漠边缘、盐生草甸、干河沟边，见于乌拉特后旗山前地区及山后个别盐生草甸区域。

紫筒草属Stenosolenium Turcz

紫筒草 Stenosolenium saxatile(Pall.)Turcz.

蒙古名:敏吉音-扫日

别　名:紫根根

多年生旱生草本。生于干草原、沙地、低山丘陵的石质坡地和路旁,见于乌拉特后旗狼山中。全草入药,能祛风除湿,主治小关节疼痛。根作蒙药(蒙药名:敏吉尔-扫日),能清热、止血、透疹,主治预防麻疹、肾炎、急性膀胱炎、尿道炎、各种出血、血尿、淋病、麻疹。

软紫草属(假紫草属)Arnebia Forsk.

黄花软紫草 Arnebia guttata Bunge

蒙古名:希日-伯日漠格

别　名:假紫草

多年生旱生草本。生于沙砾质或砾石质荒漠。见于乌拉特后旗北部及西北部的荒漠区和狼山山地。根入药,能清热凉血、消肿解毒、透疹、润燥通便,也作蒙药用(蒙药名:巴力木格),功能、主治同紫筒草。

灰毛软紫草 Arnebia fimbriata Maxim.

蒙古名：柴布日-希日-伯日漠格

别　名：灰毛假紫草

多年生旱生草本。生于荒漠及荒漠草原带的沙地、砾石质坡地及干河谷中。见于乌拉特后旗北部。

鹤虱属 Lappula V.Wolf.

沙生鹤虱 Lappula deserticola C.J.Wang

蒙古名：额乐存–闹朝日嘎那

一年生旱生密丛草本。生于荒漠区的砂砾质戈壁或沙地上，见于乌拉特后旗北部。

卵盘鹤虱Lappula redowskii(Horn.) Greene

蒙古名:塔巴格特–闹朝日嘎那

别　名:小粘染子

一年生中旱生草本。生于山麓砾石质坡地、河岸及湖边沙地,见于乌拉特后旗狼山中。果实可代鹤虱用,能驱虫、止痒,主治蛔虫病、挠虫病、虫积腹痛。也作蒙药用(蒙药名:囊给–章古),功能、主治相同。

劲直鹤虱 Lappula stricta (Ledeb.) Gurke

蒙古名:希鲁棍–闹朝日嘎那

别　名:小粘染子

一年生旱中生草本。生于山地草甸及沟谷,见于乌拉特后旗潮格镇院落中。

鹤虱Lappula myosotis V.Wolf.

蒙古名:闹朝日嘎那

别　名:小粘染子

一年或二年生旱中生草本。生于河谷草甸、山地草甸及路旁等处,见于乌拉特后旗潮格镇。

齿缘草属 Eritrichium Schrad.

石生齿缘草 Eritrichium rupestre (Pall.) Bunge

蒙古名：哈但奈–巴特哈

别　名：蓝梅

多年生中旱生草本。生于山地草原、砾石质草原、山地砾石质坡地。见于乌拉特后旗狼山浩日格地区，带花全草入药，能清温解热，治发烧、流感、瘟疫。

假鹤虱 Eritrichium thymifolium (DC.) Lian et J.Q.Wang

蒙古名：那嘎凌害-额布斯

一年生旱生草本。生于石质、砾石质坡地、岩石露头及石隙间，见于乌拉特后旗狼山中。

斑种草属 Bothriospermum Bunge

狭苞斑种草 Bothriospermum kusnezowii Bunge

蒙古名：那林－朝和日－乌日图－额布斯

别　名：细叠子草

一年生旱中生草本。生于山地草甸、河谷及路边，见于乌拉特后旗狼山。

马鞭草科 Verbenaceae

莸属 Caryopteris Bunge

蒙古莸 Caryopteris mongholica Bunge

蒙古名:道嘎日嘎那

别　名:白蒿

旱生小灌木。生于草原带的石质山坡、沙地、干河床及沟谷等地,见于乌拉特后旗中东部及中北部。花、叶、枝入蒙药(蒙药名:依曼额布热),能祛寒、燥湿、健胃、壮身、止咳,主治消化不良、胃下垂、慢性气管炎及浮肿等。花期长而美观,可驯化作园林绿化树种。

唇形科 Labiatae

黄芩属 Scutellaria L.

甘肃黄芩 Scutellaria rehderiana Tschern

蒙古名：阿拉善奈-混芩

别　名：阿拉善黄芩

多年生旱中生草本。生于山地阳坡、砾石坡地。见于乌拉特后旗狼山以及山前冲积扇上。根可作黄芩入药，能祛湿热、泻火、解毒、安胎，主治温病发热、肺热咳嗽、肺炎、咯血、黄疸、肝炎、痢疾、目赤、胎动不安、高血压、痈肿疖疮。也作蒙药用，效果相同。属内蒙古重点保护植物。

夏至草属Lagopsis Bunge ex Benth.

夏至草 Lagopsis supina (Steph.) IK. – Gal ex Knorr.

蒙古名:套来音-奥如乐

多年生旱中生草本。多生于田野、撂荒地及砾石山坡。见于乌拉特后旗狼山及山前地区。全草入药,能养血调经,主治贫血性头晕、半身不遂、月经不调。也作蒙药用(蒙药名:查干希莫体格),能消炎利尿,主治沙眼、结膜炎、遗尿。

裂叶荆芥属 Schizonepeta Briq.

小裂叶荆芥 Schizonepeta annua (Pall.) Schischk

蒙古名：吉吉格-吉如格巴

一年生中旱生草本。生于丘陵坡地、砾石山坡及路旁，见于乌拉特后旗狼山及山前冲积扇。

荆芥属Nepeta L.

大花荆芥Nepeta sibirica L.

蒙古名：西伯日－毛如音－好木苏

多年生中生草木。生于山地林缘、沟谷草甸中，见于乌拉特后旗狼山。地上部分提取芬香油，做香料。

青兰属Dracocephalum L.

香青兰Dracocephalum moldavica L.

蒙古名:乌努日图-比日羊古

别　名:山薄荷

一年生中生草本。生于山坡、沟谷、河谷砾石滩地,见于乌拉特后旗狼山浩日格地区。全株含芳香油,可作香料植物。地上部分作蒙药用(蒙药名:昂凯鲁莫勒-比日羊古),能泻肝炎、清胃热、止血,主治黄疸、吐血、衄血、胃炎、头痛、咽痛。

微硬毛建草 Dracocephalum rigidulum Hand.– Mazz.

蒙古名:西如伯特日–比日羊古

多年生中生草本。生于荒漠及荒漠区的山地阳坡、沟谷及低湿地,见于乌拉特后旗狼山。属内蒙古重点保护植物。

糙苏属 Phlomis L.

尖齿糙苏 Phlomis dentosa Franch.

蒙古名：毛尖茶、野洋芋

多年生旱中生草本。生于山地草甸、沟谷草甸中，见于乌拉特后旗狼山东乌盖沟，在青嫩时牛和羊乐食其花和叶。

益母草属Leonurus L.

益母草Leonurus japonicus Houtt.

蒙古名：都日伯乐吉–额布斯

别　名：益母蒿、龙昌菜、坤草

一或二年生旱中生草本。生于田野、沙地、灌丛、疏林、草甸草原及山地草原等多种生境，见于乌拉特后旗巴音镇呼格吉乐广场草地中。

细叶益母草Leonurus sibiricus L.

蒙古名：那林–都日伯乐吉–额布斯

别　名：益母蒿、龙昌菜

一年或二年生旱中生草本。生于石质丘陵、砂质草原、农田及村旁。见于乌拉特后旗狼山及山前地区。全草入药，能活血、调经、利尿消肿。也作蒙药用，能活血、调经、利尿、降血压。果实入药（药材名：茺蔚子），能活血调经、清肝明目。属内蒙古重点保护植物。

脓疮草属 Panzerica Moench

阿拉善脓疮草（变种）Panzeria lanata(L.)Bunge var. alaschanica (Ku-pr.) Tschern.

蒙古名：特木根–昂嘎拉扎古日

别　名：白龙昌菜

多年生旱生草本。生于荒漠草原区的沙地、砂砾质平原。见于乌拉特后旗山后的中南部地区。全草入药，能调经活血、清热利水，主治产后腹痛、月经不调、急性肾炎、子宫出血等。属内蒙古重点保护植物。

兔唇花属Lagochilus Bunge

冬青叶兔唇花Lagochilus ilicifolius Bunge

蒙古名:昂嘎拉扎古日一其其格

多年生旱生植物,根木质。生于荒漠草原区的砾石质土壤和沙砾质土壤上,见于乌拉特后旗中部地区。

百里香属Thymus L.

百里香(变种) Thymus serpyllum L.var.mongolicus Ronn.

蒙古名:岗嘎-额布斯

中旱生小半灌木。生于草原、森林草原带的砂砾质平原、石质丘陵及山地阳坡,也见于荒漠区的山地砾石质坡地。见于乌拉特后旗狼山浩日格地区。

薄荷属Mentha L.

薄荷Mentha haplocalyx Briq.

蒙古名:巴得日阿西

多年生湿中生草本。生于水旁低湿地,见于巴音镇呼格吉乐广场。地上部分入药,能祛风热、清头目,主治风热感冒、头痛、目赤、咽喉肿痛、口舌生疮、牙痛、荨麻疹、风疹、麻疹初起。属内蒙古重点保护植物。

鼠尾草属Salvia L.

一串红Salvia splendens Ker-Gawl.

别　名：西洋红、墙下红

亚灌木状草本。乌拉特后旗栽培用于观赏。

茄科 Solanaceae

枸杞属 Lycium L.

黑果枸杞 Lycium ruthenicum Murr.

蒙古名：哈日–侵娃音–哈日漠格

别　名：苏枸杞、黑枸杞

中生多棘刺灌木。生于盐化低地、沙地或路旁，见于乌拉特后旗西南部。因其果实中富含花青素，是很好的保健果品，市场上售价很高，该种应予以保护并进行人工栽培。属内蒙古重点保护植物。

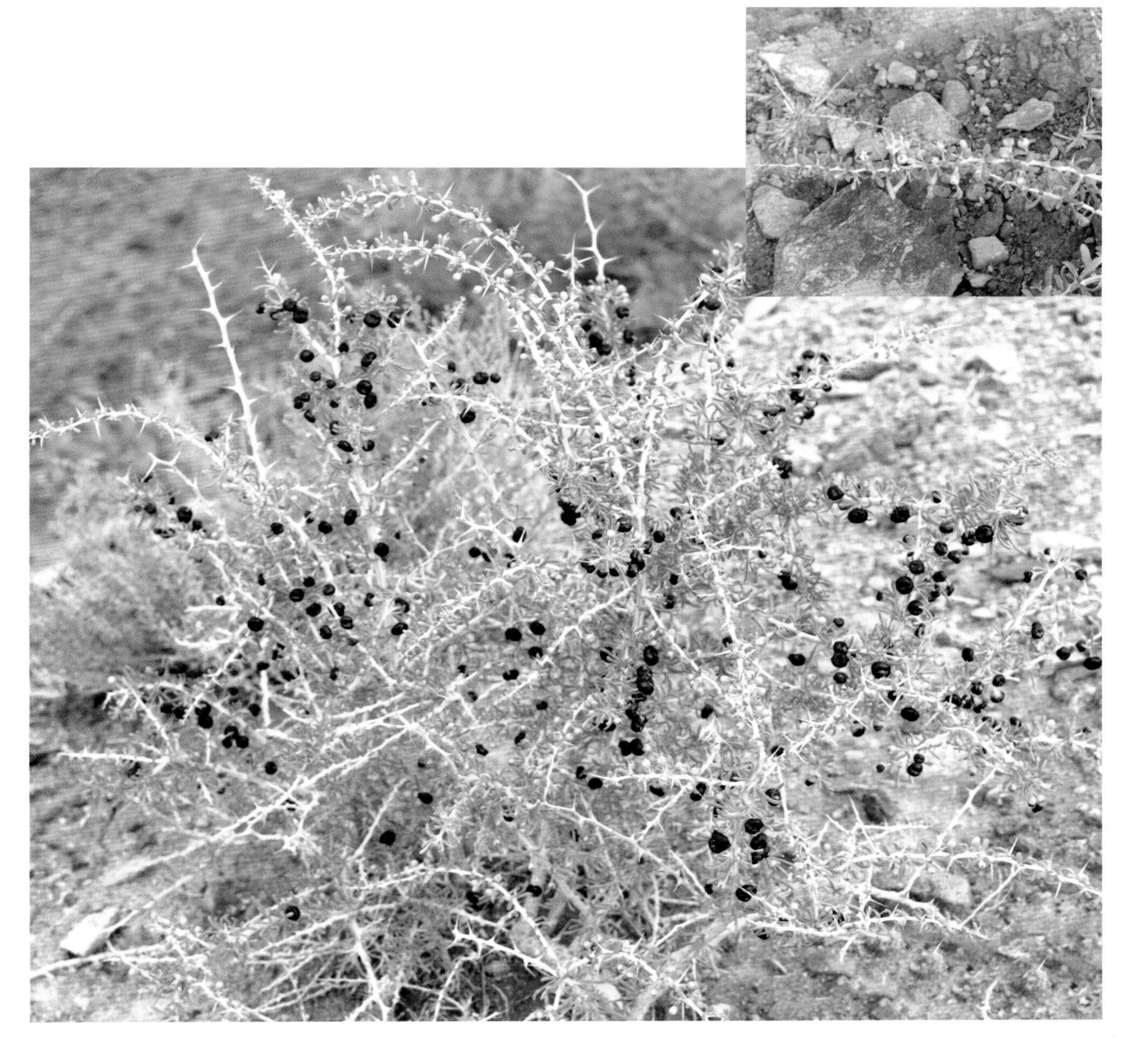

截萼枸杞 Lycium truncatum Y.C.Wang

蒙古名：特格喜–侵娃音–哈日漠格

旱中生少棘刺灌木。生于山地、丘陵坡地、路旁等处，见于乌拉特后旗狼山以北地区。该种与宁夏枸杞很相似，主要区别为该种花丝基部稍上处被稀疏绒毛，花萼有时因裂片断裂而成截头；而宁夏枸杞花丝基部稍上处密生一圈绒毛，花萼裂片不断裂。

宁夏枸杞Lycium barbarum L.

蒙古名：宁夏音-侵娃音-哈日漠格

别　名：山枸杞、白疙针

中生灌木。生于河岸、山地、田埂或渠旁、路旁，乌拉特后旗有栽培，也有野生，见于全旗各地。果实入药，能滋补肝肾、益精明目，主治目昏、眩晕、耳鸣、腰膝酸软、糖尿病。也入蒙药，能活血、散瘀，主治乳腺炎、血痞、心热、阵热、血盛症。根皮入药，能清虚热、凉血，主治阴虚潮热、盗汗、心烦、口渴、咳嗽、咯血。

天仙子属 Hyoscyamus L.

天仙子 Hyoscyamus niger L.

蒙古名：特讷格–额布斯

别　名：山烟子、熏牙子

一年或二年生中生草本。生于村舍、路边及田野，见于乌拉特后旗南部（包括狼山）。种子入药（药材名：莨菪子），能解痉、止痛、安神，主治胃痉挛、喘咳、癫狂。也作蒙药，疗效相同。

茄属 Solanum L.

龙葵 Solanum nigrum L.

蒙古名：闹害音-乌吉马

别　名：天茄子

一年生中生草本。生于路旁、村边、水沟边，见于乌拉特后旗山前地区。全草药用，能清热解毒、利尿、止血、止咳，主治疔疮肿毒、气管炎、癌肿、膀胱炎、小便不利、痢疾、咽喉肿痛。

青杞 Solanum septemlobum Bunge

蒙古名：烘－和日烟－尼都

别　名：草枸杞、野枸杞、红葵

多年生中生草本。生于路旁、林下及山地沟谷水边，见于乌拉特后旗狼山及山前地区。地上部分药用，可清热解毒，主治咽喉肿痛。

曼陀罗属 Datura L.

曼陀罗 Datura stramonium L.

蒙古名:满得乐特-其其格

别　名:耗子阎王

一年生中生草本。生于路旁、住宅旁及撂荒地上,乌拉特后旗原为栽培,现多为逸出,为外来入侵种。花入药,能平喘镇咳、麻醉、止痛,主治哮喘咳嗽、胃痛,用于手术麻醉。叶及种子也可药用。

碧冬茄属Petunia Juss.

碧冬茄Petunia hybrida Vilm.

别　名:矮牵牛

一年生草本,乌拉特后旗栽培作观赏花卉。

玄参科 Scrophulariaceae

玄参属 Scrophularia L.

砾玄参 Scrophularia incisa Weinm.

蒙古名:海日音-哈日-奥日呼代

多年生旱生草本。生于草原、荒漠草原及荒漠区的砂砾石质地、沙地、干河床及山地岩石处。见于乌拉特后旗北部及中西部地区。全草入蒙药(蒙药名:依尔欣巴),能透疹、清热,主治麻疹、天花、水痘、猩红热。

野胡麻属(多德草属)Dodartia L.

野胡麻 Dodartia orientalis L.

蒙古名:呼热立格-其其格

别　名:多德草、紫花草、紫花秧

多年生旱生草本。生于半荒漠地带的石质山坡、沙地、田埂及渠边,见于乌拉特后旗山前农区。全草入药,能清热解毒、祛风止痒,主治上呼吸道感染、气管炎、皮肤瘙痒、荨麻疹、湿疹。

地黄属 Rehmannia Libosch.ex Fisch.et Mey.

地黄 Rehmannia glutinosa (Gaert.) Libosch.ex Fisch.et Mey.

蒙古名：呼如古伯亲–其其格

多年生旱中生草本。生于山地坡麓及路边，见于乌拉特后旗狼山。根状茎入药。生地黄能解热、生津、润燥、凉血、止血，主治阴虚发热、津伤口渴、咽喉肿痛、血热吐血、衄血、便血、尿血、便秘。熟地黄能滋阴补肾、补血调经，主治肾虚、头晕耳鸣、腰膝酸软、潮热、盗汗、遗精、功能性子宫出血、消渴。

婆婆纳属 Veronica L.

北水苦荬 Veronica anagallis-aquatica L.

蒙古名:奥存-侵达干

别　名:水苦荬、珍珠草、秋麻子

多年生湿生草本。生于溪水边或沼泽地。见于乌拉特后旗狼山沟谷中。果实带虫瘿的全草入药,能活血止血、解毒消肿,主治咽喉肿痛、肺结核咯血、风湿疼痛、月经不调、血小板减少性紫癜、跌打损伤。外用治骨折、痈疖肿毒。也入蒙药,能祛黄水、利尿、消肿,主治水肿、肾炎、膀胱炎、黄水病、关节痛。

芯芭属Cymbaria L.

达乌里芯芭Cymbaria dahurica Maxim.

蒙古名：兴安奈-哈吞-额布斯

别　名：芯芭，大黄花、白蒿茶

多年生旱生草本。生于典型草原、荒漠草原及山地草原上。见于乌拉特后旗狼山浩日格地区及山后的南部地区。全草入药，能祛风湿、利尿、止血，主治风湿性关节炎、月经过多、吐血、衄血、便血、外伤出血、肾炎水肿、黄水疮。也作蒙药用，疗效相同。

紫葳科 Bignoniaceae

角蒿属 Incarvillea Juss.

角蒿 Incarvillea sinensis Lam.

蒙古名：乌兰-套鲁木

别　名：透骨草

一年生中生草本。生于草原区的山地、沙地、河滩、河谷，见于乌拉特后旗狼山山谷中及山前冲积扇上。地上部分入药，能祛风湿、活血、止痛，主治风湿性关节痛、筋骨拘挛、瘫痪、疮痈肿毒。种子和全草作蒙药，能消食利肺、降血压，主治胃病、消化不良、耳流脓、月经不调、高血压、咳血。

梓树属 Catalpa Scop.

梓树 Catalpa ovata G.Don

蒙古名：朝鲁马盖-扎嘎日特-毛都

别　名：臭梧桐、筷子树

乔木。乌拉特后旗有栽培，但表现为灌木状，为园林绿化树种。去除栓皮的根皮、树皮（药材名：梓白皮）和果实（药材名：梓实）入药。梓白皮能清热、解毒、杀虫，主治时疫发热、黄疸、反胃、皮肤瘙痒、疮疥。梓实能利尿、消肿，主治浮肿、慢性肾炎、膀胱炎。

列当科 Orobanchaceae

列当属 Orobanche L.

列当 Orobanche coerulescens Steph.

蒙古名:特木根-苏乐

别　名:兔子拐棍、独根草

二年或多年生寄生草本。寄生于蒿属植物的根上。生于固定或半固定沙丘、向阳山坡、山沟草地。见于乌拉特后旗山前农区、沙区以及山后西南部地区。全草入药,能补肾助阳、强筋骨,主治阳痿、腰腿冷痛、神经官能症、小儿腹泻等。外用治消肿。也作蒙药(特木根-苏乐)用,主治炭疽。

黄花列当 Orobanche pycnostachya Hance

蒙古名：希日–特木根–苏乐

别　名：独根草

二年或多年生草本。寄生于蒿属植物的根上。生于固定、半固定沙丘、山坡、草原。见于乌拉特后旗山前地区及山后的南部及东南部地区。用途同列当。属内蒙古重点保护植物。

肉苁蓉属Cistanche Hoffmg. et Link

肉苁蓉Cistanche deserticola Ma

蒙古名:察干-高要

别　名:苁蓉、大芸

多年生寄生肉质草本。寄生于梭梭的根上。见于乌拉特后旗北部及西北部的梭梭分布区内。近年有人工种植植株。肉质茎入药,能补精血、益肾壮阳、润肠,主治虚劳内伤、男子滑精、阳痿、女子不孕、腰膝冷痛、肠燥便秘。也作蒙药用,能补肾消食,主治消化不良、胃酸过多、腰腿痛。属国家二级重点保护植物。

盐生肉苁蓉 Cistanche salsa (C.A.Mey.)G.Beck

蒙古名：呼吉日色格–察干–高要

多年生寄生草本。寄主有盐爪爪属植物，红沙、珍珠猪毛菜等。见于乌拉特后旗狼山以北地区。属内蒙古重点保护植物。

沙苁蓉Cistanche sinensis G.Beck

蒙古名：盾达地音-察干-高要

多年生寄生草本。主要寄主为红沙和珍珠猪毛菜。见于乌拉特后旗狼山以北地区。盐生肉苁蓉与本种很相似，主要区别为前者的花萼5浅裂，沙苁蓉的花萼4深裂。属内蒙古重点保护植物。

车前科 Plantaginaceae

车前属 Plantago L.

条叶车前 Plantago lessingii Fisch. et Mey.

蒙古名：乌斯特-乌和日-乌日根讷

别　名：来森车前、细叶车前

一年生旱生草本。生于半荒漠群落和草原带的山地、沟谷、丘陵坡地，见于乌拉特后旗狼山以北地区。

平车前 Plantago depressa Willd.

蒙古名:吉吉格–乌和日–乌日根讷

别　名:车前草、车轱辘菜、车串串

一年或二年生中生草本。生于草甸、轻度盐化草甸,见于乌拉特后旗山前地区及狼山中。种子及全草入药,药效同车前。

车前 Plantago asiatica L.

蒙古名：乌和日-乌日根讷

别　名：大车前、车轱辘菜、车串串

多年生中生草本。生于草甸、沟谷、耕地、水渠边，见于乌拉特后旗山前地区。种子及全草入药，种子能清热、利尿、明目、祛痰，主治小便不利、泌尿系感染、结石、肾炎水肿、暑湿泄泻、肠炎、目赤肿痛、痰多咳嗽等。也作蒙药用，能止泻利尿，主治腹泻、水肿、小便淋痛。

忍冬科 Caprifoliaceae

忍冬属 Lonicera L.

小叶忍冬 Lonicera microphylla Willd.ex Roem.et Schult.

别　名：麻配

旱中生灌木。生于草原区的山地、丘陵坡地，见于乌拉特后旗狼山中，可作水土保持及园林绿化树种。

小花金银花 Lonicera maackii (Rupr.)Maxim.

蒙古名：达邻-哈力苏

别　名：金银忍冬

中生灌木。乌拉特后旗巴音镇栽培作园林绿化树种，供观赏。

锦带花属 Weigela Thunb.

锦带花 Weigela florida(Bunge)A.DC.

蒙古名:黑木日存-共共格

别　名:连萼锦带花、海仙

中生灌木,乌拉特后旗栽培用于园林绿化,供观赏。

荚蒾属Viburnum L.

鸡树条荚蒾(变种)Viburnum opulus Li. var .calvescens(Rend.)Hara

蒙古名:乌兰-柴日

别　名:天目琼花

中生灌木。乌拉特后旗栽培用于园林绿化,供观赏。嫩枝叶及果实入药,嫩枝主治风湿性关节炎、腰腿痛、跌打损伤。叶外用治疮疖、癣、皮肤瘙痒。果治急慢性气管炎、咳嗽。果可食用。

接骨木属Sambucus L.

东北接骨木Sambucus mandshurica Kitag.

蒙古名：蔓吉–宝棍–宝拉代

别　名：马尿烧

中生灌木，乌拉特后旗栽培作园林绿化树种。枝、叶可入药，主治筋折伤或挫伤。

桔梗科 Campanulaceae

桔梗属 Platycodon A.DC.

桔梗 Platycodon grandiflorus (Jacq)A.DC.Monogr.

蒙古名:狐日盾-查干

别　名:铃铛花

多年生中生草本。乌拉特后旗栽培用于观赏。根入药,能祛痰、利咽、排脓,主治痰多咳嗽、咽喉肿痛、肺脓疡、咳吐脓血。也作蒙药用,效用相同。

沙参属 Adenophora Fisch.

狭叶沙参 Adenophora gmelinii (Spreng.) Fisch.

蒙古名：那日汗–洪呼–其其格

多年生旱中生草本。生于山地草原及草甸草原。见于乌拉特后旗狼山浩日格地区。属内蒙古重点保护植物。

厚叶沙参(变种) Adenophora gmelinii (Spreng.) Fisch.var.pachyphylla (Kitag.)Y.Z.Zhao

蒙古名:宁夏音-哄呼-其其格

多年生中生草本。生于林缘、沟谷草甸。见于乌拉特后旗狼山浩日格地区。

菊科 Compositae

翠菊属 Callistephus Cass.

翠菊 Callistephus chinensis(L.)Nees.

蒙古名:米日严–乌达巴拉

别　名:江西腊、六月菊

一年或二年生中生草本。乌拉特后旗有栽培,供观赏。

狗娃花属 Heteropappus Less.

阿尔泰狗娃花 Heteropappus altaicus(Willd.) Novopokr.

蒙古名：阿拉泰音-布荣黑

别　名：阿尔泰紫菀

多年生中旱生草本，广泛生于干草原区、山地、砂质地、路旁等处，见于乌拉特后旗各地。全草及根入药，全草能清热降火、排脓，主治传染性热病、肝胆火旺、疱疹疮疖。根能润肺止咳，主治肺虚咳嗽、咳血。花入蒙药，能清热解毒，消炎，主治血瘀病、瘟病、流感、麻疹不透。

多叶阿尔泰狗娃花(变种)Heteropappus altaicus(Willd.)Novopokr.var. millefolius(Vant.) Wang

蒙古名:萨格拉嘎日-布荣黑

多年生中旱生草本。生境同正种,见于乌拉特后旗狼山。花入蒙药,功能、主治同正种。

紫菀属 Aster L.

荷兰菊 Aster novi-belgii L.

别　名：纽约紫菀

多年生草本。乌拉特后旗栽培用于行道及园林绿化、美化，供观赏。

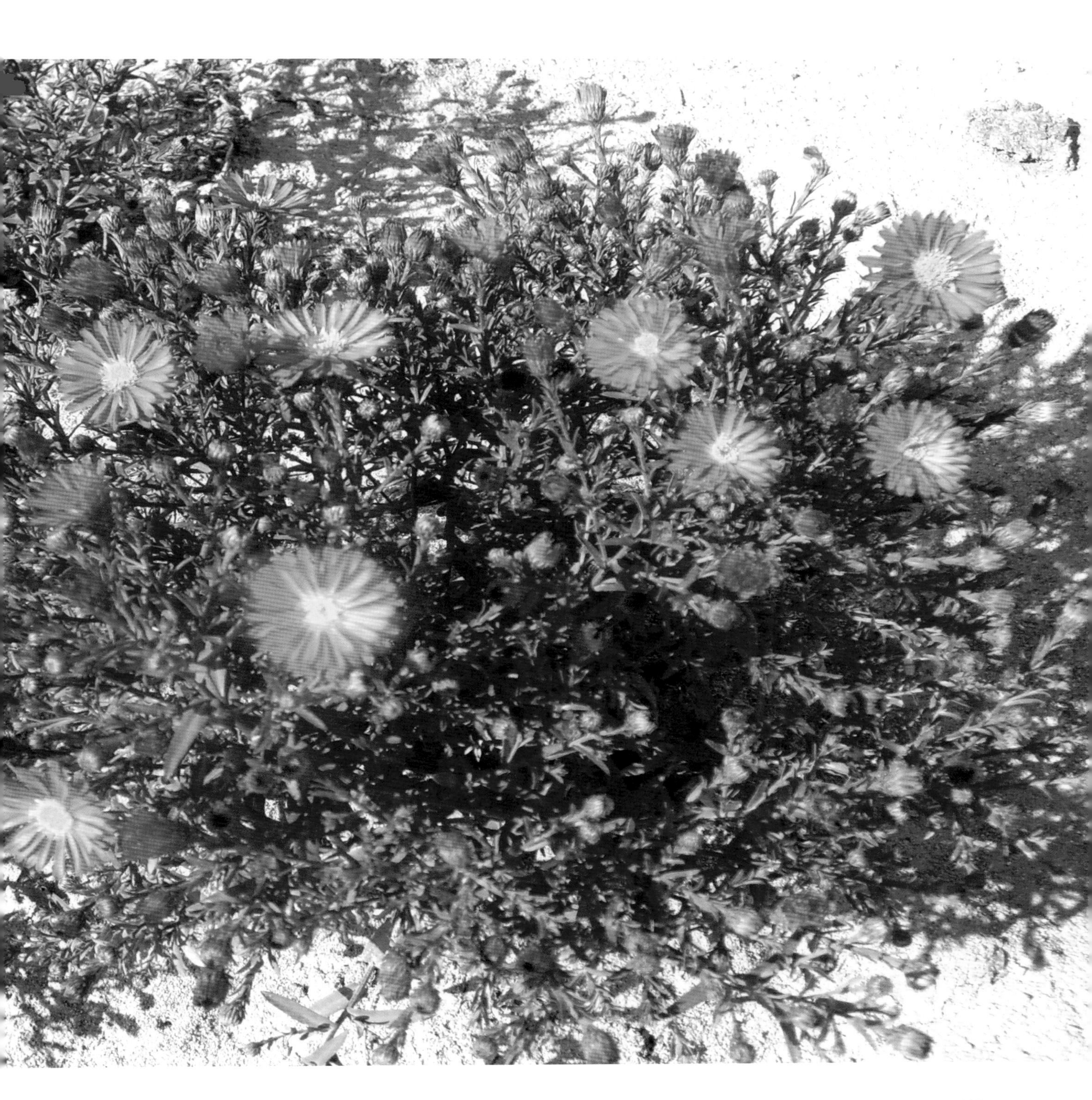

紫菀木属 Asterothamnus Novopokr.

中亚紫菀木 Asterothamnus centrali-asiaticus Novopokr.

蒙古名：拉白

超旱生半灌木。生长于荒漠及荒漠草原的砂质地及砾石质地，见于乌拉特后旗各地。

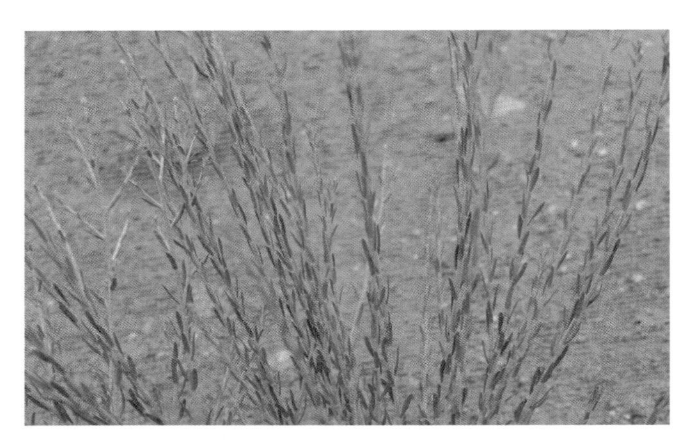

碱菀属 Tripolium Nees

碱菀 Tripolium vulgare Nees

蒙古名：杓日闹乐吉

别　名：金盏菜、铁杆蒿、灯笼花

一年生中生草本。生于湖边、沼泽及盐碱地，见于乌拉特后旗红旗水库及前达门水库。

短星菊属 Brachyactis Ledeb.

短星菊 Brachyactis ciliata Ledeb.

蒙古名:巴日安-图如

一年生耐盐中生草本。生于盐碱湿地、水泡子边,见于乌拉特后旗红旗水库。

花花柴属Karelinia Less.

花花柴Karelinia caspia(Pall.) Less.

蒙古名:洪古日朝高那

别　名:胖姑娘

多年生旱生草本。常生于盐化荒漠或盐化低地,见于乌拉特后旗北部及西北部。

旋覆花属Inula L.

欧亚旋覆花Inula britanica L.

蒙古名:阿拉坦-导苏乐-其其格

别　名:旋覆花、大花旋覆花、金沸草

多年生中生草本。生于草甸、地埂及路旁,见于乌拉特后旗山前地区及潮格镇。花序入药,能降气、化痰、行水,主治咳喘痰多、噫气、呕吐、胸膈痞闷、水肿。也入蒙药,能散瘀、止痛,主治跌打损伤、湿热疮疡。

旋覆花(变种) Inula britanica L.var.japonica(Thunb.)Franch.et Sav.

多年生中生草本。生境同正种,见于乌拉特后旗山前地区。

蓼子朴 Inula salsoloides(Turcz.)Ostenf.

蒙古名：额乐存–阿拉坦–导苏乐

别　名：绞蛆爬、秃女子草、黄喇嘛、沙地旋覆花

多年生旱生草本。生于沙地及砂砾质冲积土上，见于乌拉特后旗各地。花及全草入药，能清热解毒、利尿，主治疮痈肿毒、黄水疮、湿疹、外感发热、浮肿、小便不利。

苍耳属Xanthium L.

苍耳Xanthium sibiricum Patrin ex Widder

蒙古名：西伯日–好您–章古

别　名：苍耳子、老苍子、刺儿苗

一年生草本。生于田野、路边。见于乌拉特后旗山前地区。带总苞的果实入药，能散风祛湿、通鼻窍、止痛、止痒，主治风寒头痛、鼻窦炎、风湿痹痛、皮肤湿疹、瘙痒。

百日菊属 Zinnia L.

百日菊 Zinnia elegans Jacq.

蒙古名：呼木格苏

别　名：百日草、步步登高

一年生草本。乌拉特后旗栽培作观赏花卉。

金鸡菊属Coreopsis L.

金鸡菊 Coreopsis drummondii Torr. et Gra

别　名：小波斯菊、金钱菊、孔雀菊

一年生草本。乌拉特后旗栽培作观赏花卉。

大丽花属Dahlia Cav.

大丽花Dahlia pinnata Cav.

蒙古名:达力牙–其其格

别　名:大理花、西番莲、萝卜花

多年生草本。乌拉特后旗栽培作观赏花卉。

秋英属Cosmos Cav.

秋英Cosmos bipinnata Cav.

蒙古名:希日拉金–其其格

别　名:大波斯菊、八瓣梅

一年生草本。乌拉特后旗有栽培,也有逸出。供观赏。

金光菊属 Rudbeckia L.

黑心菊 Rudbeckia hirta L.

别　名：金光黑心菊、黑眼菊

多年生草本。乌拉特后旗作一年生草本栽培，用于观赏。

鬼针草属Bidens L.

小花鬼针草Bidens parviflora Willd.

蒙古名：吉吉格–哈日巴其–额布斯

别　名：一包针

一年生草本。生于田野、路旁、山坡及冲积扇上，见于乌拉特后旗狼山及山前地区。全草入药，能祛风湿、清热解毒、止泻。主治风湿性关节炎、扭伤、肠炎腹泻、咽喉肿痛、虫蛇咬伤。

万寿菊属 Tagetes L.

孔雀草 Tagetes patula L.

蒙古名:吉吉格–乌乐吉特–乌达巴拉

别　名:小万寿菊、红黄草

一年生草本。乌拉特后旗有栽培,也有逸出。供观赏。

天人菊属Gaillardia Foug.

天人菊 Gaillardia pulchella Fong.

蒙古名：阿日喜音-奥德巴拉

别　名：虎皮菊

一年生草本。乌拉特后旗有栽培，供观赏。

短舌菊属Brachanthemum DC.

戈壁短舌菊 Brachanthemum gobicum Krasch.

蒙古名:高比音-陶苏特

超旱生灌木。生于砂砾质戈壁或覆沙戈壁,见于乌拉特后旗北部。为中等饲用植物。属国家二级重点保护植物。

女蒿属Hippolytia Poljak.

女蒿 Hippolytia trifida(Turcz.) Poljak.

蒙古名：宝日–塔嘎日

别　名：三裂艾菊

强旱生小半灌木。生于荒漠草原砂壤质棕钙土上，见于乌拉特后旗中部宝音图地区。为中等饲用植物。

亲蒿属 Elachanthemum Ling et Y .R.Ling

亲蒿 Elachanthemum intricatum(Franch.) Ling et Y.R.Ling

一年生中旱生草本。常见于荒漠草原，也进入荒漠，见于乌拉特后旗除山前农区外的各地。

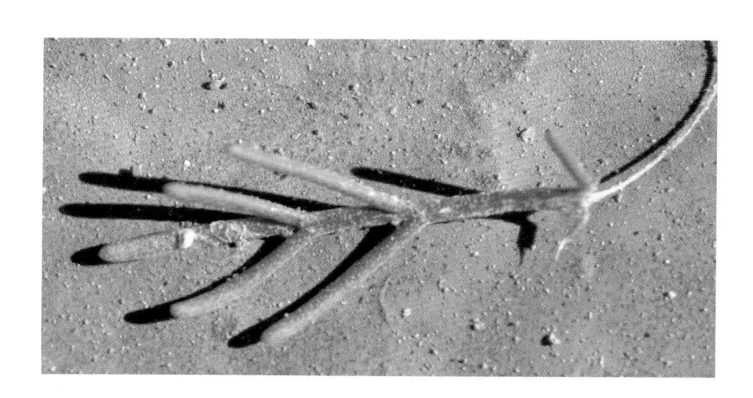

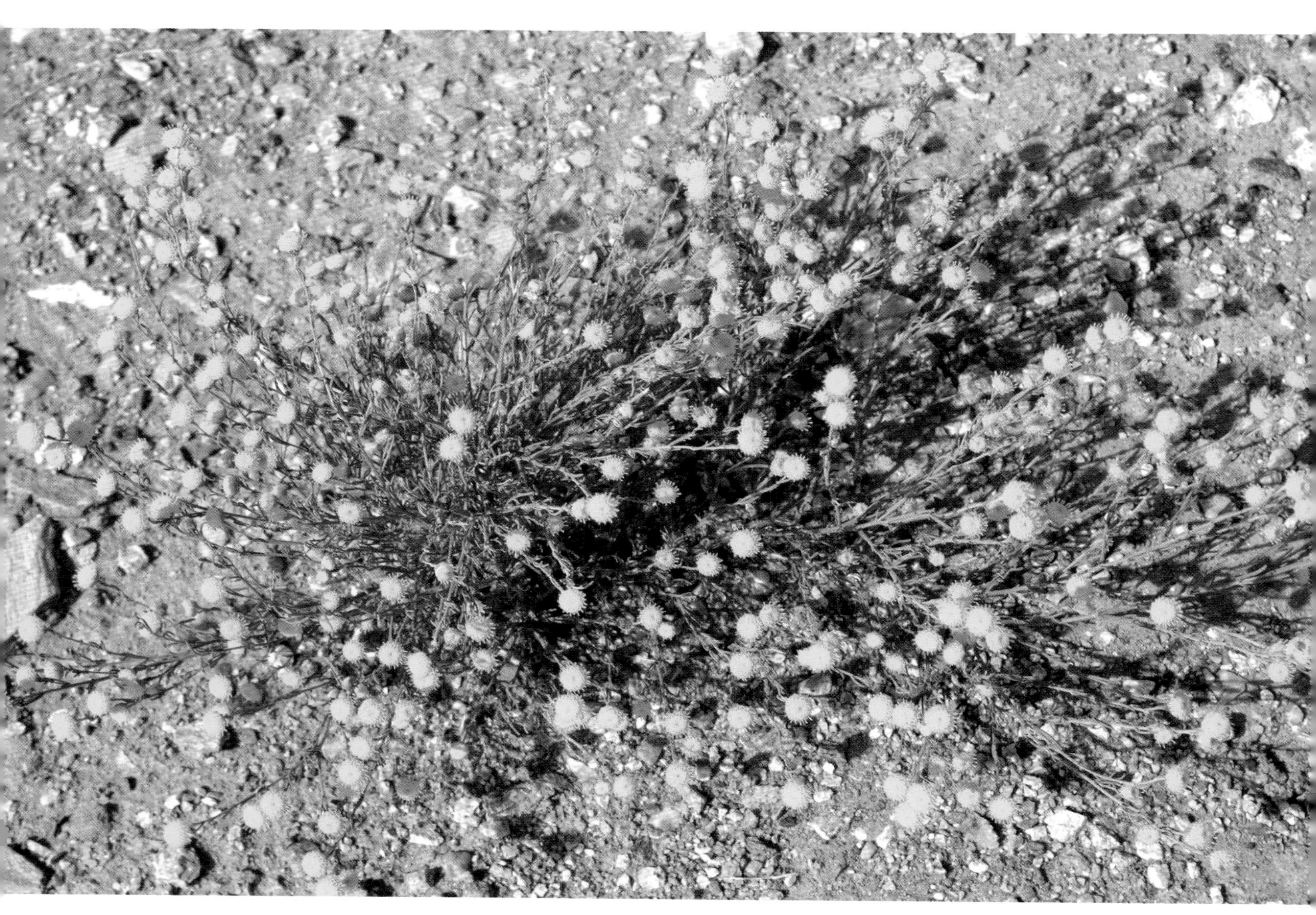

小甘菊属 Cancrinia Kar. et Kir.

小甘菊 Cancrinia discoidea (Ledeb.) Poljak.

蒙古名：矛日音-阿给

别　名：金纽扣

二年生旱生草本。生于荒漠的石质残丘坡地、覆沙地及干河床，见于乌拉特后旗北部及西北部。

亚菊属Ajania Poljak.

蓍状亚菊 Ajania achilloides(Turcz.) Poljak .ex Grub.

蒙古名：图乐格其–宝如乐吉

别　名：蓍状艾菊

强旱生小半灌木。生于荒漠草原的砂质土壤及碎石和石质坡地，见于乌拉特后旗狼山以北地区。

灌木亚菊 Ajania fruticulosa(Ledeb.)Poljak.

蒙古名:宝塔力格-宝如乐吉

别　名:灌木艾菊

强旱生小灌木。生于荒漠草原至荒漠地带的低山及丘陵石质坡地,见于乌拉特后旗狼山及北部地区。

铺散亚菊 Ajania khartensis(Dunn) Shin

蒙古名:吉吉格–那布其图–宝如乐吉

强旱生小半灌木。生于半荒漠地带的砾石质山坡或山麓,见于乌拉特后旗狼山浩日格地区。

蒿属 Artemisia L.

大籽蒿 sieversiana Ehrhart et Willd.

蒙古名：额日木

别　名：白蒿

二年生中生草本。生于山坡、撂荒地、农田、路旁等处，见于乌拉特后旗中南部。全草入药，能祛风、清热、利湿，主治风寒湿痹、黄疸、热痢、疥癞恶疮。

碱蒿 Artemisia anethifolia Web.ex Stechm.

蒙古名:好您–协日乐吉

别　名:大莳萝蒿、糜糜蒿

一年或二年生盐生中生草本。生长于盐渍化土壤,见于乌拉特后旗狼山及以南地区。

莳萝蒿 Artemisia anethoides Mattf.

蒙古名:宝吉木格-协日乐吉

二年生中生草本。生于盐土或盐碱化土壤上,见于乌拉特后旗各地。

冷蒿 Artemisia frigida Willd.

蒙古名：阿给

别　名：小白蒿、兔毛蒿

多年生草本。广布于草原和荒漠草原带，见于乌拉特后旗狼山及狼山以北的东南地区。全草入药，能清热、利湿、退黄，主治湿热黄疸、小便不利、风痒疮疥。也入蒙药，能止血、消肿，主治各种出血、肾热、月经不调、疮痈。为优良牧草。

紫花冷蒿(变种) Artemisia **frigida** Willd. var.**atropurpurea** Pamp.

多年生草本。广布于草原带和荒漠草原带,见于乌拉特后旗狼山浩日格地区。

内蒙古旱蒿 Artemisia xerophytica Krasch

蒙古名:宝日-西巴嘎

别　名:旱蒿、小砂蒿

强旱生半灌木。生于沙质、砂砾质或覆沙地上,见于乌拉特后旗狼山以北地区。为优良牧草。

白莲蒿 Artemisia sacrorum Ledeb.

蒙古名:矛日音–西巴嘎

别　名:万年蒿、铁杆蒿

半灌木状中旱生草本。生长于山坡、灌丛等处,见于乌拉特后旗狼山。

黄花蒿 Artemisia annua L.

蒙古名:矛日音–协日乐吉

别　名:臭黄蒿

一年生中生草本。生于沟谷、撂荒地及路边,见于乌拉特后旗狼山及其以南地区。

黑蒿 Artemisia palustris L.

蒙古名:阿拉坦-协日乐吉

别　名:沼泽蒿

一年生中生草本。生于山地沟谷砂砾质土壤上,见于乌拉特后旗狼山浩日格地区。

野艾(变种)Artemisia argyi Levl.et Van. var. gracilis Pamp.

别　名:朝鲜艾

多年生中生草本。生于砂质坡地或路旁,见于乌拉特后旗巴音镇。

野艾蒿 Artemisia lavandulaefolia DC.Prodr.

蒙古名：哲日力格−荽哈

别　名：阴地蒿、野艾

多年生中生草本。散生于林缘、灌丛、河湖滨草甸、农田、路旁，见于乌拉特后旗狼山及山前地区。

牛尾蒿(变种)Artemisia dubia Wall. ex Bess. var. dubia

蒙古名:蒙古乐-协日乐吉

别　名:指叶蒿

多年生中生草本。生于山地草甸和河谷草甸中,也见于山坡。见于乌拉特后旗狼山浩日格地区。

蒙古蒿 Artemisia **mongolica** (Fisch.ex Bess.) Nakai

蒙古名:蒙古乐–协日乐吉

多年生中生草本。生于沙地、河谷、撂荒地、田埂、渠旁及路旁,见于乌拉特后旗各地。全草入药,作"艾"的代用品,有温经、止血、散寒、祛湿等功效。

黑沙蒿 Artemisia ordosica Krasch.

蒙古名:西巴嘎

别　名:沙蒿、油蒿、鄂尔多斯蒿

旱生沙生半灌木。生长于固定沙丘、沙地及覆沙土壤上,见于乌拉特后旗除狼山外的各地。为优良固沙植物。根、茎、叶、种子均可入药。茎、叶能祛风湿、清热消肿,主治风湿性关节炎、咽喉肿痛。根能止血。种子能利尿。

白沙蒿 Artemisia **sphaerocephala** Krasch.

蒙古名:查干-西巴嘎

别　名:籽蒿、圆头蒿

超旱生沙生半灌木。生长于流动或半固定沙丘上,是优良固沙植物。见于乌拉特后旗各地。果实入药,作消炎或驱虫药。也可食用作食品黏着剂。

猪毛蒿 Artemisia scoparia Waldst.et Kit.

蒙古名：伊麻干–协日乐吉

别　名：米蒿、黄蒿、臭蒿、东北茵陈蒿

多年生或一、二年生中旱生草本。多生长在沙质土壤上，见于乌拉特后旗狼山以北地区。为中等牧草。

糜蒿 Artemisia blephareolepis Bunge

蒙古名：苏日木斯图–协日乐吉

别　名：白沙蒿、白里蒿

一年生旱中生草本。喜生于沙地及覆沙土壤上，见于乌拉特后旗巴音前达门苏木的巴音忽热嘎查及潮格镇的希日淖尔嘎查。

南牡蒿 Artemisia eriopoda Bunge

蒙古名:乌苏力格–协日乐吉

别　名:黄蒿

多年生中旱生草本。多分布于山地草原,见于乌拉特后旗狼山浩日格地区。叶供药用,治风湿性关节炎、头痛、浮肿、毒蛇咬伤等症。

栉叶蒿属 Neopallasia Poljak.

栉叶蒿 Neopallasia pectinata (Pall.) Poljak.

蒙古名：乌合日-希鲁黑

别　名：篦齿蒿

二年生旱中生草本。多生长在黏壤质及壤质土壤上，见于乌拉特后旗狼山北部。地上部分入蒙药，能利胆，主治急性黄疸型肝炎。

尾药菊属 Synotis (C.B.Clarke)C.Jeffrey et Y.L.Chen

术叶菊 Synotis atractylidifolia (Ling) C.Jeffrey et Y.L. Chen

蒙古名:哈拉特日-给其根那

别　名:术叶千里光

多年生中生草本。生于山地沟谷,见于乌拉特后旗狼山浩日格地区。

金盏花属Calendula L.

金盏花Calendula officinalis L.

蒙古名:阿拉坦–混达格–其其格

别　名:大金盏花

一年生草本。乌拉特后旗有栽培,供观赏。

蓝刺头属Echinops L.

砂蓝刺头Echinops gmelini Turcz.

蒙古名：额乐存乃–扎日阿–敖拉

别　名：刺头、火绒草

一年生旱生草本。喜生于沙地，为常见杂草。见于乌拉特后旗各地。根入药，能清热解毒、消痈肿，主治乳痈疮肿、乳汁不下、乳房作胀。花入蒙药，能清热、解毒、止痛，主治感冒、心热、痢疾、血热及传染性热症。

火烙草 Echinops przewalskii Iljin

蒙古名：斯尔日图-扎日阿-敖拉

多年生草本。生长于石质山地及砂砾质戈壁，见于乌拉特后旗狼山浩日格地区。

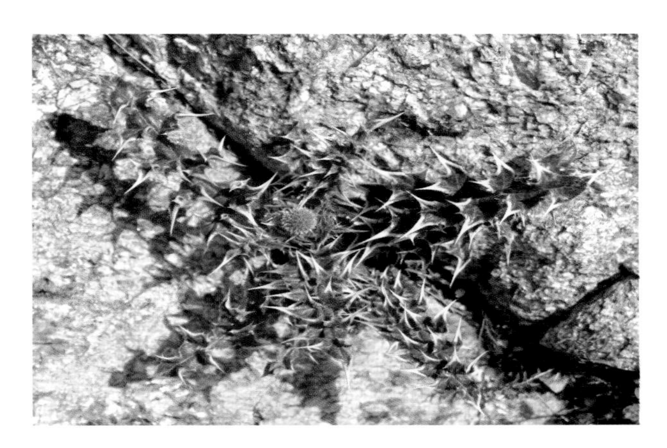

革苞菊属 Tugarinovia Iljin emend. H. C. Fu

革苞菊 Tugarinovia mongolica Iljin

蒙古名:希日-达兰

多年生强旱生草本。生长在石质丘陵顶部或沙砾质坡地,见于乌拉特后旗北部。为国家一级重点保护植物。

苓菊属 Jurinea Cass.

蒙新苓菊 Jurinea mongolica Maxim.

蒙古名：侵努干那

别　名：蒙疆苓菊、地棉花、鸡毛狗

多年生强旱生草本。生于沙质土壤上，见于乌拉特后旗中北部地区。属内蒙古重点保护植物。

风毛菊属Saussurea DC.

草地风毛菊 Saussurea amara(L.)DC.

蒙古名：塔拉音-哈拉特日干那

别　名：驴耳风毛菊、羊耳朵

多年生中生草本。生于撂荒草地及林下，见于乌拉特后旗狼山及以南地区。

盐地风毛菊 Saussurea salsa(Pall.)Spreng.

蒙古名:高比音-哈拉特日干那

多年生耐盐中生草本。生于盐渍低地,见于乌拉特后旗各地。

灰白风毛菊 Saussurea cana Ledeb.

蒙古名：柴布日–哈拉特日干那

多年生旱生草本。生于干燥山坡及石质丘顶，见于乌拉特后旗狼山。

泥胡菜属Hemistepta Bunge

泥胡菜 Hemistepta lyrata(Bunge) Bung

别　名：苦马菜、牛插鼻、石灰菜、剪刀草

一年生中生草本，生于路旁、荒草丛中或水沟边，见于乌拉特后旗巴音镇。全草入药，能清热解毒、散结消肿，主治痔漏、痈肿疔疮、乳痈、淋巴结炎、风疹痒、外伤出血、骨折。为良等饲用植物。

牛蒡属Arctium L.

牛蒡 Arctium lappa L.

别　名：恶实、鼠粘草

二年生中生草本，生于村落路旁、山沟、杂草地，见于乌拉特后旗巴音镇东升村。瘦果入药，能散风热、利咽、透疹、消肿解毒，主治风热感冒、咽喉肿痛、咳嗽、麻疹、痈疮肿毒。也入蒙药，能化痞、利尿，主治石痞脉病。

顶羽菊属 Acroptilon Cass.

顶羽菊 Acroptilon repens(L.) DC.

蒙古名：牙干–图如古

别　名：苦蒿、灰叫驴

多年生强旱生植物。生于盐化草甸、路旁及撂荒地中，见于乌拉特后旗山前农区、包尔汉图水库及中蒙边境一线。

蝟菊属 Olgaea Iljim

蝟菊 Olgaea lomonosowii(Trautv.) Iljin

蒙古名：扎日阿嘎拉吉

多年生中旱生草本。生于山地砾石质土上。见于乌拉特后旗狼山。全草入药，能清热解毒，凉血止血。属内蒙古重点保护植物。

鳍蓟 Olgaea leucophylla (Turcz.)Iljin

蒙古名:洪古日朱拉

别　名:白山蓟、白背、火媒草

多年生旱生草本。生于砂质、砂壤质土上及山坡,见于乌拉特后旗中部及南部。根及地上部分入药,能清热解毒、消痰散结、凉血止血,主治疮痈肿痛、瘰疬、咳血、衄血、吐血、便血、崩漏。

蓟属 Cirsium Mill.

大刺儿菜 Cirsium setosum(Willd.)MB.

蒙古名：阿古拉音–阿扎日干那

别　名：大蓟、刺蓟、刺儿菜、刻叶刺儿菜

多年生中生草本。生于草地、农田、撂荒地及沙地，见于乌拉特后旗各地。全草入药，能凉血止血、消散痈肿，主治咯血、衄血、尿血、痈肿疮毒等。

大丁草属Leibnitzia Cass.

大丁草 Leibnitzia anandria(L.) Turcz.

蒙古名：哈达嘎存-额布斯

多年生中生草本。生于山地林缘草甸及林下，见于乌拉特后旗狼山浩日格地区。全草入药，能祛风湿、止咳、解毒，主治风湿麻木 、咳喘、疔疮。

鸦葱属 Scorzonera L.

拐轴鸦葱 Scorzonera divaricata Turcz.

蒙古名：冒瑞-哈比斯干那

别　名：苦葵鸦葱、女苦奶

多年生旱生草本。生于荒漠及荒漠地带的干河床、沟谷、砂质及砂砾质土壤上，见于除山前农区外的乌拉特后旗各地。

帚状鸦葱 Scorzonera pseudodivaricata Lipsch.

蒙古名:疏日利格-哈比斯干那

别　名:假叉枝鸦葱

多年生强旱生草本。生长于荒漠草原至荒漠地带的石质残丘及砂砾质土壤上,见于乌拉特后旗狼山以北地区。

丝叶鸦葱 Scorzonera curvata (Popl.) Lipsch.

蒙古名：好您—哈比斯干那

别　名：奥国鸦葱

多年生旱生草本。生长于草原及草原带的丘陵坡地或石质山坡，见于乌拉特后旗狼山浩日格主峰。

蒙古鸦葱 Scorzonera mongolica Maxim.

蒙古名：蒙古乐–哈比斯干那

别　名：羊角菜

多年生旱生草本。生长于盐化低地、湖盆边缘与河滩地上，见于乌拉特后旗山前地区。全草入药，能清热解毒、利尿，主治痈肿疔疮、乳腺炎、尿浊、淋症、妇女带下。

头序鸦葱 Scorzonera capito Maxim.

蒙古名：唐哈日-哈比斯干那

别　名：绵毛鸦葱

多年生旱生草本。生长于荒漠及荒漠草原带的砾石质坡地，见于除农区外的乌拉特后旗各地。

蒲公英属Taraxacum Weber

蒲公英Taraxacum mongolicum Hand.–Mazz.

蒙古名:巴格巴盖–其其格

别　名:蒙古蒲公英、婆婆丁、姑姑英

多年生中生草本。生于草地、田野、河岸等地,见于乌拉特后旗各地。全草入药,能清热解毒、利尿散结,主治急性乳腺炎、淋巴腺炎、瘰疬、疔毒疮肿、急性结膜炎、感冒发热、急性扁桃体炎、急性支气管炎、胃炎、肝炎、胆囊炎、尿路感染。全草入蒙药,能清热解毒,主治乳痈、淋巴腺炎、胃热等。

粉绿蒲公英 Taraxacum dealbatum Hand.–Mazz.

多年生中生草本。生于盐渍化草甸或水边，见于狼山及山后水库边。

华蒲公英 Taraxacum sinicum Kitag.

蒙古名:胡吉日色格-巴格巴盖-其其格

别　名:碱地蒲公英、扑灯儿

多年生中生草本。生于盐化草甸,见于乌拉特后旗各地。

多裂蒲公英 Taraxacum dissectum(Ledeb.) Ledeb.

多年生中生草本，生于盐渍化草甸及沙地，见于乌拉特后旗西南部。

阴山蒲公英 Taraxacum yinshanicum Z.Xu et H.C.Fu

多年生中生草本。生于草地、草甸、林下及村舍附近，见于乌拉特后旗巴音镇。

亚洲蒲公英 Taraxacum leucanthum (Ledeb.) Ledeb.

多年生中生草本。生于河滩、草甸，见于乌拉特后旗各地。

苦苣菜属Sonchus L.

苣荬菜Sonchus arvensis L.

蒙古名：嘎希棍-诺高

别　名：取麻菜、甜苣、苦菜

多年生中生草本。生于田间、撂荒地、渠边及路边。见于乌拉特后旗山前地区。嫩茎叶可食用。全草入药，能清热解毒、消肿排脓、祛瘀止痛，主治肠痈、疮疖肿毒、肠炎、痢疾、带下、产后瘀血腹痛、痔疮。

苦苣菜 Sonchus oleraceus L.

蒙古名:嘎希棍–诺高

别　名:苦菜、滇苦菜

一年或二年生中生草本。生于田野、路旁、村舍附近。见于乌拉特后旗中南部地区。全草入药,能清热、凉血、解毒。主治痢疾、黄疸、血淋、痔瘘、疔肿、蛇咬。

乳苣属Mulgedium Cass.emend.

乳苣 Mulgedium tataricum(L.)DC.

蒙古名：嘎鲁棍–伊达日阿

别　名：紫花山莴苣、苦菜、蒙山莴苣

多年生中生草本。生于农田、草甸、河滩、沙地等处。见于乌拉特后旗各地。

还阳参属Crepis L.

还阳参Crepis crocea (Lam.)Babc.

蒙古名:宝黑-额布斯

别　名:屠还阳参、驴打滚儿、还羊参

多年生中旱生草本。生于砂砾质坡地、路旁,见于狼山及潮格镇。全草入药,能益气、止咳平喘、清热降火,主治支气管炎、肺结核。

黄鹌菜属 Youngia Cass.

碱黄鹌菜 Youngia stenoma(Turcz.)Ledeb.

蒙古名:好吉日苏格-杨给日干那

多年生中生草本。生于盐化草甸,见于乌拉特后旗狼山以北的沼泽地或水库附近。全草入药,能清热解毒,消肿止痛,主治疮肿疔毒。

细茎黄鹌菜 Youngia tenuicaulis (Babc.et Stebb.) Czerep.

蒙古名：那力存–杨给日干那

多年生旱生草本。多生于山坡或石隙中，见于乌拉特后旗狼山。

苦荬菜属 Ixeris Cass.

山苦荬 Ixeris chinensis (Thunb.) Nakai

蒙古名:陶来音-伊达日阿

别　名:苦菜、燕儿尾

多年生中旱生草本。生于山野、田间、撂荒地、路旁,见于乌拉特后旗中部及南部。全草入药,能清热解毒、凉血、活血排脓,主治阑尾炎、肠炎、痢疾、疮疖痈肿、吐血、衄血。

丝叶山苦荬（变种）Ixeris chinensis (Thunb.) Nakai var.graminifolia(Ledeb.) H.C.Fu

别 名：丝叶苦菜

多年生中旱生草本。生于沙质草原、石质山坡或砂质地，见于乌拉特后旗狼山及山后西南部地区。

单子叶植物纲

香蒲科 Typhaceae

香蒲属 Typha L.

水烛 Typha angustifolia L.

蒙古名:毛日音-哲格斯

别　名:狭叶香蒲、蒲草

多年生水生草本。生河边、池塘、湖泊边浅水中。见于乌拉特后旗山前地区。花粉及全草或根状茎入药,花粉能止血、祛瘀、利尿。全草、根状茎能利尿、消肿。

拉氏香蒲 Typha laxmanni Lepech.

蒙古名：呼和-哲格斯

多年生水生草本。生于水沟、水塘、河岸边等浅水中，见于乌拉特后旗山前地区，功用同水烛。

眼子菜科 Potamogetonaceae

眼子菜属 Potamogeton L.

龙须眼子菜 Potamogeton pectinatus L.

蒙古名：萨门–奥存–呼日西

别　名：篦齿眼子菜

多年生沉水水生草本。生于浅河、池沼中，见于乌拉特后旗狼山山前地区。全草可作鱼、鸭饲料。全草也入药，能清热解毒，主治肺炎、疮疖。全草也作蒙药，能清肺、收敛，主治肺热咳嗽、疮疡。

穿叶眼子菜 Potamogeton perfoliatus L.

蒙古名：奥格拉日存-奥存-呼日西

多年生沉水水生草本。生于湖泊、水沟或池沼中，见于乌拉特后旗山前地区。全草可作鱼、鸭饲料。全草也入药，能渗湿、解表，主治湿疹、皮肤瘙痒。

水麦冬科 Juncaginaceae

水麦冬属 Triglochin L.

海韭菜 Triglochin maritimum L.

蒙古名:马日查–西乐–额布苏

别　名:圆果水麦冬

多年生湿生草本。生于河湖边盐渍化草甸或沼泽中,见于乌拉特后旗各地。

水麦冬Triglochin palustre L.

蒙古名：西乐-额布苏

多年生湿生草本。生境同海韭菜，见于乌拉特后旗各地。

禾本科 Gramineae

芦苇属 Phragmites Adans

芦苇 Phragmites australis (Cav)Trin ex Steud

蒙古名:呼勒斯、好鲁苏

别　名:芦草、苇子

多年生湿生草本。生于草甸、河边、农田、盐碱地、沙丘及湖泊中,见于乌拉特后旗各地。芦苇是很好的造纸原料。根茎、茎秆、叶及花序均可入药。根茎能清热生津、止呕、利尿,茎秆能清热排脓;叶能清肺止呕、止血、解毒;花序能止血、解毒。是优等饲用植物。

三芒草属 Aristida L.

三芒草 Aristida adscenionis L.

蒙古名：布呼台

一年生旱中生草本。分布较广，见于乌拉特后旗各地，为良等饲用禾草。

臭草属Melica L.

臭草 Melica scabrosa Trin.

蒙古名:少格书日嘎

别　名:肥马草、枪草

多年生中生草本。生于山地阳坡,见于乌拉特后旗狼山浩日格地区。本种草若羊食用过多,可中毒,发生停食、腹胀、痉挛等症状,严重者可致死亡。

羊茅属 Festuca L.

苇状羊茅 Festuca arundenacea Schred.

别　名：苇状狐茅、高羊茅

多年生中生草本，乌拉特后旗引种栽培，用于草坪绿化。

早熟禾属 Poa L.

草地早熟禾 Poa pratensis L.

蒙古名：塔拉音-伯页力格-额布苏

多年生中生草本。乌拉特后旗栽培作草坪绿化，为优等饲用禾草。

硬质早熟禾Poa sphondylodes Trin.ex Bunge

蒙古名:疏如棍—柏页力格—额布苏

多年生旱生草本。生于草原、沙地、山地、草甸和盐化草甸,见于乌拉特后旗狼山。

碱茅属 Puccinellia Parl.

碱茅 Puccinellia distans(Jacq.)parl.

蒙古名：乌龙

多年生中生草本。生于盐湿低地，见于乌拉特后旗各地。为优等饲用禾草。

狭穗碱茅 Puccinellia schischkinii Tzvel.

别　名：狭序碱茅、斯碱茅

多年生盐生中生草本。生于荒漠带的盐化草甸、湖边盐湿草地，见于乌拉特后旗前达门水库。

黑麦草属Lolium L.

黑麦草 Lolium perenne L.

蒙古名：呼和-宝古代-额布苏

多年生中生草本，乌拉特后旗栽培作草坪绿化。

鹅观草属Roegneria C.Koch

毛盘鹅观草Roegneria barbicalla Ohwi

蒙古名：高日哈音-黑雅嘎拉吉

多年生中生丛生草。生于山野，见于乌拉特后旗狼山浩日格地区。

阿拉善鹅观草 Roegneria alashanica Keng

蒙古名：阿拉善–黑雅嘎拉吉

多年生旱中生草本。生于山地石质山坡、岩崖、山顶岩石缝间，见于乌拉特后旗狼山。

冰草属Agropyron Gaertn.

沙生冰草 Agropyron desertorum(Fisch.) Schult.

蒙古名:楚乐音-优日呼格

多年生中旱生草本。生于干燥草原、沙地、山坡,见于乌拉特后旗狼山以北地区。为优等饲用禾草。根作蒙药用,能止血、利尿,主治尿血、肾盂肾炎、功能性子宫出血、月经不调、咯血、吐血、外伤出血。

沙芦草 Agropyron mongolicum Keng

蒙古名：额乐存乃–优日呼格

多年生草本。生于干燥草原、沙地、石砾质地。见于乌拉特后旗狼山以北地区。为优等牧草。根作蒙药用，功能、主治同沙生冰草。属国家二级重点保护植物。

披碱草属 Elymus L.

老芒麦 Elymus sibiricus L.

蒙古名：西伯日音–扎巴干–黑雅嘎

多年生中生疏丛禾草。生于路旁、山坡、丘陵等地，见于潮格镇及狼山浩日格地区。为良等饲用禾草。

披碱草 Elymus dahuricus Turcz.

蒙古名：扎巴干–黑雅嘎

别　名：直穗大麦草

多年生中生草本。生于各种草甸、田野、山坡、路旁，见于乌拉特后旗中南部。为优良牧草。

麦蒙草 Elymus tangutorum(Nevski) Hand.–Mazz.

蒙古名：汤古特–扎巴干–黑雅嘎

多年生中生草本。生于山坡、草地，见于潮格镇。为良等饲用禾草。

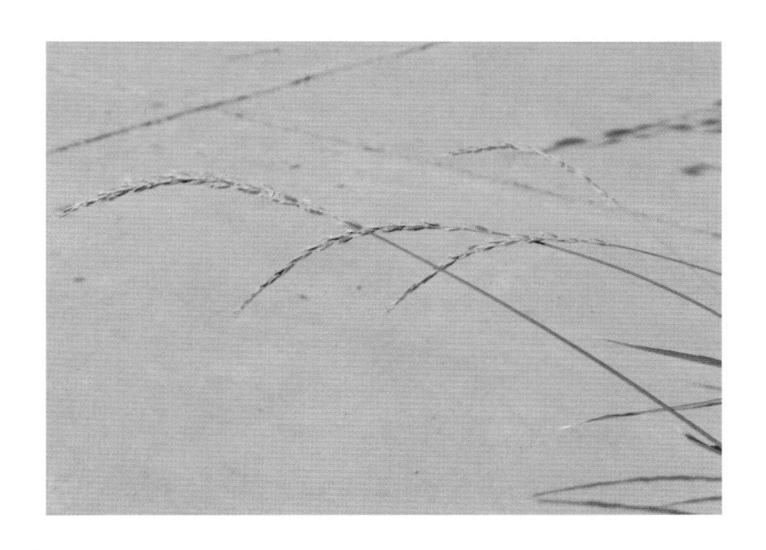

赖草属Leymus Hochst.

赖草 Leymus secalinus(Georgi) Tzvel.

蒙古名：乌伦-黑雅嘎

别　名：老披硷、厚穗硷草

多年生旱中生根茎禾草。常见于盐化草甸，也见于沙地、丘陵、山坡、田间、路旁，乌拉特后旗各地均有分布。

毛穗赖草 Leymus paboanus(Claus) Pilger

蒙古名：乌斯图–黑雅嘎

多年生旱中生根茎禾草。生于盐化草甸、平原、河边，见于乌拉特后旗狼山及其以北地区。

窄颖赖草 Leymus angustus (Trin.)Pilger

蒙古名：那林–黑雅嘎

多年生旱中生根茎禾草。生于荒漠草原带的盐渍化草甸，见于乌拉特后旗包尔汉图水库。

大麦属Hordeum L.

大麦Hordeum vulgare L.

蒙古名：阿日白

一年生草本。属于栽培作物，乌拉特后旗无栽培，常见混入小麦地中。谷粒可食用或作饲料，亦可作制啤酒与麦芽糖的原料。带稃颖果及发芽带稃颖果入药，能和胃、宽肠、利尿。发芽带稃颖果能消食、健胃、回乳。

小药大麦草 Hordeum roshevitzii Bowd.

蒙古名：吉吉格–阿日白

别　名：紫大麦草、紫野麦草

多年生中生草本。生于盐化草甸、河边沙地，见于乌拉特后旗山后各水库。

芒颖大麦草 Hordeum jubatum L.

别 名:芒麦草

多年生中生草本,偶见于乌拉特后旗巴音镇。

溚草属Koeleria Pers.

溚草 Koeleria cristata (L.)Pers.

蒙古名：根达–苏乐

多年生旱生草本。生于草原地带，见于乌拉特后旗狼山浩日格地区，为优等饲用禾草。

燕麦属Avena L.

野燕麦Avena fatua L.

蒙古名:哲日力格–胡西古–希达

一年生草本。生于田间、田埂等处,见于乌拉特后旗山前农区。

茅香属Hierochloe R. Br

光稃茅香Hierochloe glabra Trin.

蒙古名:给鲁给日-搔日乃

多年生中生根茎禾草。生于草原带、森林草原带的河谷草甸、湿润草地和田野,见于乌拉特后旗巴音镇。

虉草属 Phalaris L.

虉草 Phalaris arundinacea L.

蒙古名：宝拉格-额布斯

多年生中生根茎禾草。生于河滩草甸、沼泽草甸、水湿处。乌拉特后旗巴音镇栽培用于草坪绿化。

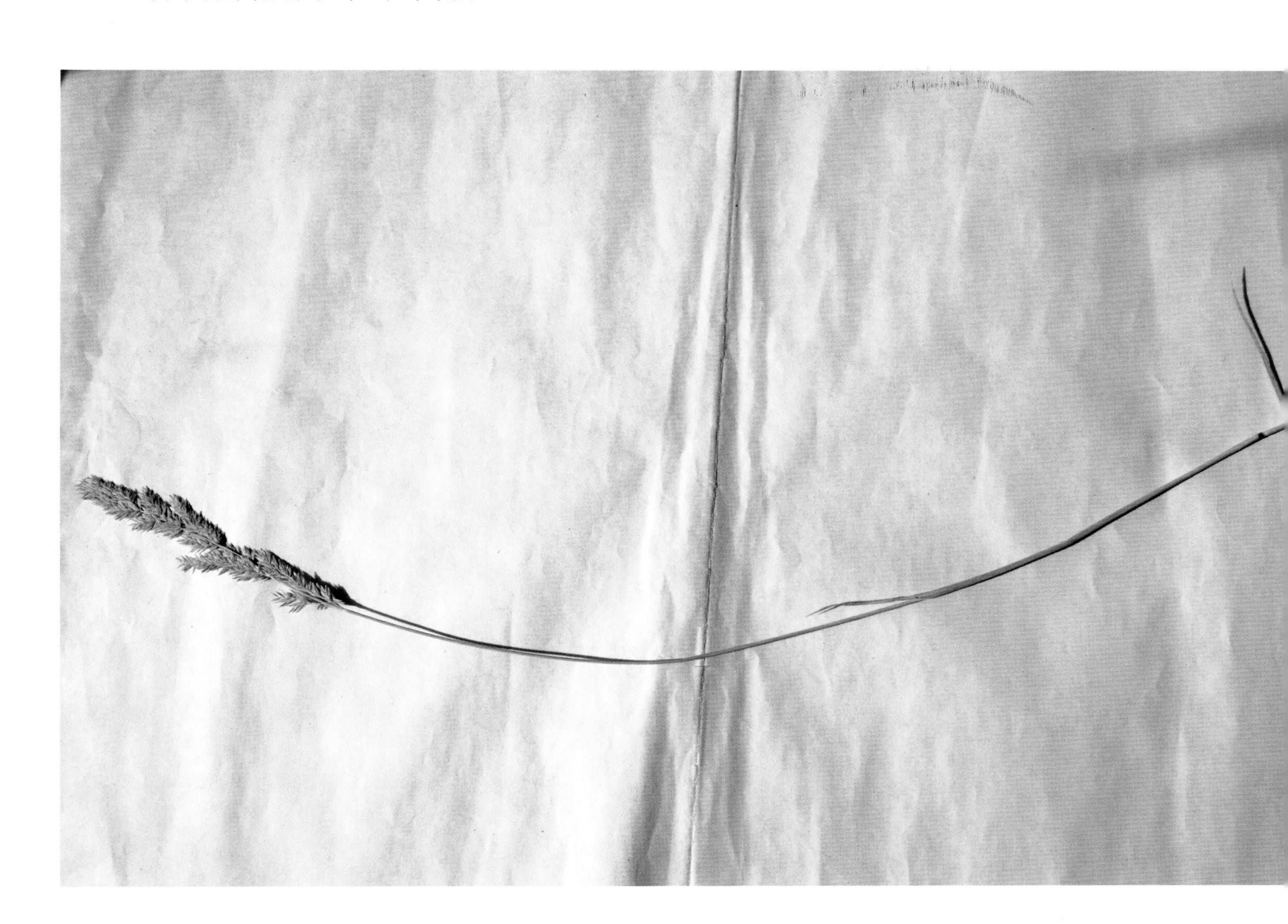

拂子茅属Calamagrostis Adans

假苇拂子茅Calamagrostis pseudophragmites (Hall.f.) Koeler.

蒙古名:呼鲁苏乐格–哈布它钙–查干

多年生中生根茎禾草。生于河滩、沟谷、低地、沙地等处,见于乌拉特后旗各地。为中等饲用禾草。

棒头草属Polypogon Desf.

长芒棒头草Polypogon monspeliensis (L.) Desf.

蒙古名：搔日特-萨木白

一年生湿中生禾草。生于河边低湿地，见于乌拉特后旗前达门水库。为中等饲用禾草。

针茅属 Stipa L.

克氏针茅 Stipa krylovii Roshev.

蒙古名:塔拉音-黑拉干那

别　名:西北针茅

多年生密丛型旱生草本。是亚洲中部典型草原植被的建群种,见于乌拉特后旗狼山浩日格地区。为良好饲用植物。

短花针茅 Stipa breviflora Griseb.

蒙古名：阿哈日–黑拉干那

多年生丛生型旱生草本。是亚洲中部暖温型荒漠草原的主要建群种。见于乌拉特后旗狼山及山后的中南部及东南部地区。为优等饲用植物。

小针茅 Stipa klemenzii Roshev.

蒙古名：吉吉格–黑拉干那

别　名：克里门茨针茅

多年生密丛型旱生草本。是亚洲中部荒漠草原的主要建群种。见于乌拉特后旗狼山及山后的中南部地区。为优等饲用植物。

戈壁针茅Stipa gobica Roshev.

蒙古名:高壁音-黑拉干那

多年生密丛型旱生草本。生于山地砾石坡地,见于乌拉特后旗狼山。为优等饲用植物。

沙生针茅 Stipa glareosa P.Smirn.

蒙古名：赛日音–黑拉干那

多年生密丛型旱生草本。为亚洲中部沙壤质荒漠草原植被的建群种。见于乌拉特后旗除山前农区外的各地。为优等饲用植物。

蒙古针茅Stipa mongolorum Tzvel.

蒙古名:查嘎拉吉

多年生密丛型旱生草本。生于沙地或覆沙地上,见于乌拉特后旗狼山以北地区。

几种针茅芒的比较，从左至右依次为：克氏针茅、短花针茅、小针茅、戈壁针茅、沙生针茅、蒙古针茅。

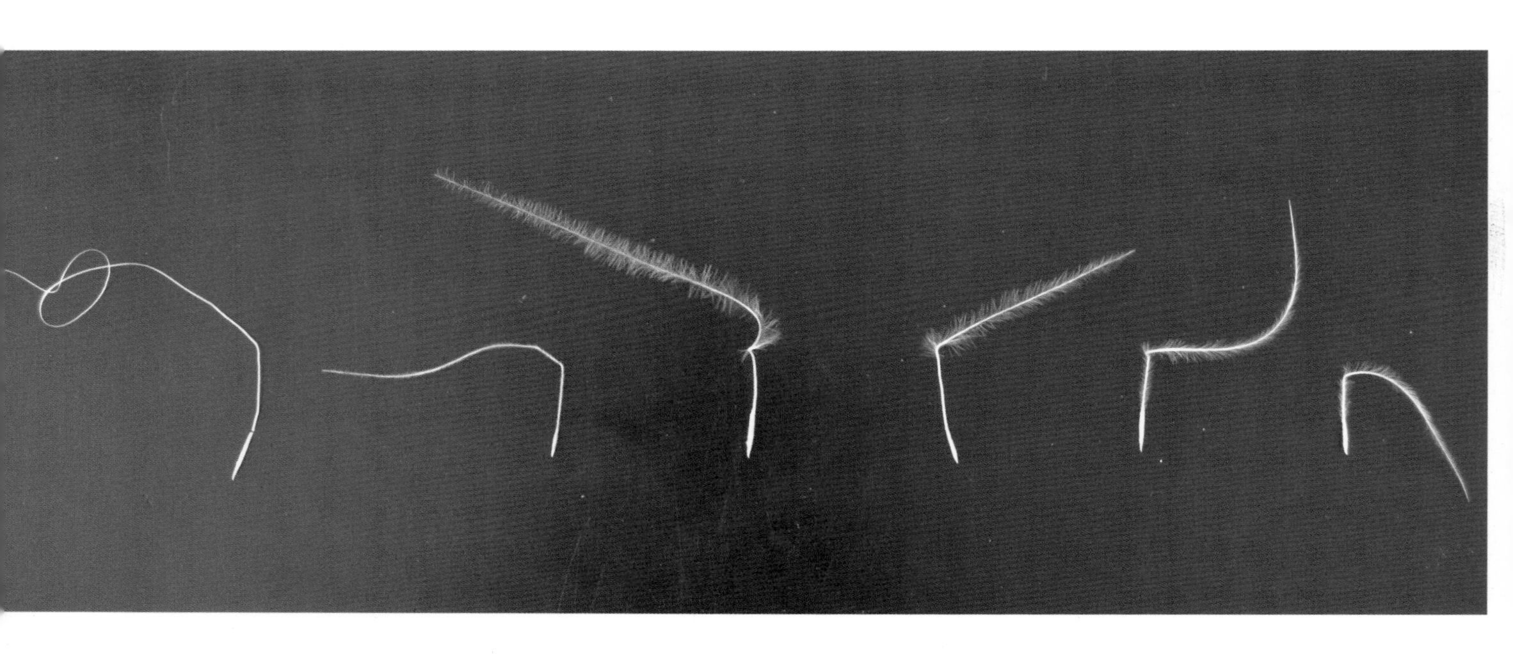

芨芨草属 Achnatherum Beauv.

芨芨草 Achnatherum splendens(Trin.)Nevski

蒙古名：德日苏

别　名：积机草

多年生密丛型旱生草本。生于盐化草甸、湖盆边缘、干河床阶地等低湿地。见于乌拉特后旗各地。为良等饲用禾草。可作造纸或编织原料。茎、颖果、花序及根入药，能清热利尿，主治尿路感染、小便不利、尿闭。花序能止血。

醉马草 Achnatherum inebrians (Hance)Keng

蒙古名:德日存–好日

别　名:药草

多年生丛生旱中生草本。生于山坡草地,见于乌拉特后旗狼山浩日格地区。

细柄茅属Ptilagrostis Griseb.

中亚细柄茅Ptilagrostis pelliotii(Danguy) Grub.

蒙古名：阿兹音-西伯格乐吉

别　名：贝氏细柄茅

多年生密丛型强旱生草本。生于砾石质坡地或岩缝中，见于乌拉特后旗狼山及山后的中南部地区。

沙鞭属 Psammochloa Hitchc.

沙鞭 Psammochloa villosa(Trin.) Bor

蒙古名：苏乐

别　名：沙竹

多年生沙生旱生草本。生长于流动、半流动沙地，为良等饲用禾草。

钝基草属(帖木儿草属)Timouria Rosher

钝基草 Timouria saposhnikowii Roshev.

蒙古名:帖木日-额布苏

别　名:帖木儿草

多年生旱生草本。生于干燥砾石质坡地,见于乌拉特后旗狼山浩日格地区。

冠芒草属Enneapogon Desv.ex Beauv.

冠芒草Enneapogon borealis (Griseb.) Honda

蒙古名:奥古图那音-苏乐

一年生草本,是夏雨型植物,见于乌拉特后旗各地。为优等饲用植物。

画眉草属 Eragrostis Beauv.

小画眉草 Eragrostis minor Host

蒙古名：吉吉格-呼日嘎拉吉

一年生草本。生于草地、田野、路边和撂荒地。见于乌拉特后旗各地，为优等饲用禾草。

隐子草属Cleistogenes Keng

无芒隐子草Cleistogenes songorica(Roshev.)Ohwi

蒙古名：搔日归–哈扎嘎日–额布苏

多年生丛生型旱生草本。生于壤质、沙壤质及砾质化土壤，见于乌拉特后旗狼山以北地区。为优等饲用植物。

草沙蚕属Tripogon Roem.et Schult.

中华草沙蚕Tripogon chinensis(Fr.) Hack.

蒙古名：古日巴存–额布苏

多年生密丛型中旱生草本。生于山地石质及砾石质陡壁和坡地，见于乌拉特后旗狼山。为中等饲用禾草。

虎尾草属Chloris Swartz

虎尾草Chloris virgata Swartz

蒙古名：宝拉根–苏乐

一年生草本。生长于农田、撂荒地、路边、干湖盆及浅洼地中，见于乌拉特后旗各地。

隐花草属Heleochloa Host

蔺状隐花草Heleochloa schoenoides(L.) Host

蒙古名:消如乐金–闹格图灰

一年生草本。生于盐化、碱化低地,见于乌拉特后旗前达门水库及包尔汗图水库。

锋芒草属Tragus Hall

锋芒草Tragus racemosus (L.)All.

蒙古名:衣马嘎拉吉–额布苏

一年生草本。生于山沟、撂荒地及路边,见于乌拉特后旗狼山。

黍属(稷属)Panicum L.

黍 Panicum miliaceum L.

蒙古名:蒙古乐–阿木、囊给–阿木

别　名:稷、糜子、黄米

一年生草本。二十世纪本地区曾栽培,现在有逸出。见于乌拉特后旗山前地区。

稗属 Echinochloa Beauv.

稗 Echinochloa crusgalli (L.) Beauv.

蒙古名：奥存–好努格

别　名：稗子、水稗、野稗

一年生或多年生湿生草本。生于田野、水湿地和沼泽地中，见于乌拉特后旗各地。为良等饲用植物。根及幼苗入药，能止血，主治创伤出血不止。

无芒稗（变种）Echinochloa crusgalli(L.) Beauv.var.mitis (Pursh) Peterm.

蒙古名：搔日归-奥存-好努格

别　名：落地稗

特性、生境、用途同正种，见于乌拉特后旗各地。

长芒稗 Echinochloa caudata Roshev.

蒙古名：搔日特—奥存—好努格

别　名：长芒野稗

特性、生境及用途与稗相同，见于乌拉特后旗山前地区。

马唐属 Digitaria Heist.

止血马唐 Digitaria ischaemum(Schreb.) Schreb.ex Muhl.

蒙古名：哈日–西巴棍–塔布格

一年生中生草本。生于田野、路边、沙地，见于巴音镇。为中等饲用禾草。

狗尾草属Setaria Beauv.

狗尾草 Setaria viridis (L.) Beauv.

蒙古名:西日–达日

别　名:毛莠莠

一年生中生草本。生于荒地、田野、山地,见于乌拉特后旗各地。全草入药,能清热明目、利尿、消肿排脓。颖果也入蒙药,能止泻涩肠,主治肠痧、痢疾、腹泻、肠刺痛。

紫穗狗尾草(变种)Setaria viridis(L.) Beauv.var.purpurascens Maxim.

蒙古名:宝日–西日–达日

一年生中生草本。生于沙丘、田野、水边等地,见于乌拉特后旗各地。

断穗狗尾草 Setaria arenaria Kitag.

蒙古名:宝古尾–西日–达日

一年生中生草本。生于沙地、沙丘或下湿滩地,见于乌拉特后旗山前地区。为良等饲用植物。

狼尾草属 Pennisetum Rich.

白草 Pennisetum centrasiaticum Tzvel.

蒙古名：昭巴拉格

多年生中旱生草本。生于丘陵坡地、沙地及田野，见于乌拉特后旗各地。为良等饲用禾草。根茎入药，能清热凉血、利尿。根茎也入蒙药，能利尿、止血、杀虫、敛疮、解毒。

莎草科 Cyperaceae

藨草属 Scirpus L.

扁秆藨草 Scirpus planiculmis Fr.Schmidt

蒙古名：哈布塔盖–塔巴牙

多年生湿生草本。生于河边盐化草甸及沼泽中，见于乌拉特后旗山前地区。块茎可药用。

矮藨草 Scirpus pumilus Vahl

蒙古名:宝古尼-塔巴牙

多年生湿生草本。生于河边沼泽、盐化草甸上,见于乌拉特后旗前达门水库和包尔汉图水库。

扁穗草属Blysmus Panz.

华扁穗草Blysmus sinocompressus Tang et Wang

蒙古名:哈布塔盖-阿力乌斯

多年生湿生草本。生于盐化草甸、河边沼泽中,见于乌拉特后旗各地沼泽中。

荸荠属 Eleocharis R.Br.

槽秆荸荠 Eleocharis mitracarpa Steud.

蒙古名:好比乐图–存–温都苏

别　名:刚毛荸荠、槽秆针蔺

多年生湿生草本。生于河湖边沼泽,见于乌拉特后旗红旗水库。

苔草属Carex L.

砾苔草Carex stenophylloides V.Krecz.

蒙古名:赛衣日音–西日黑

别　名:中亚苔草

多年生旱生草本。生于沙质及砾石质草原、盐化草甸,见于乌拉特后旗狼山及其以北地区。

灰脉苔草 Carex appendiculata(Trautv.)Kukenth.

蒙古名：乌日太－西日黑

多年生湿生草本。生于河岸湿地或沼泽地，见于乌拉特后旗包尔汗图水库。

寸草苔 Carex duriuscula C.A.Mey.

蒙古名：朱乐格－额布苏(西日黑)

别　名：寸草、卵穗苔草

多年生中旱生草本。生于轻度盐渍化低地及沙质地，见于乌拉特后旗狼山山前地区。

灯心草科 Juncaceae

灯心草属 Juncus L.

小灯心草 Juncus bufonius L.

蒙古名：莫乐黑音–高乐–额布苏

一年生、湿生草本。生于沼泽草甸、湖盆边缘或山沟溪水边。见于狼山及山后各水库。为中等饲用植物。

百合科 Liliaceae

萱草属 Hemerocallis L.

小黄花菜

Hemerocallis minor Mill.

蒙古名：哲日力格–西日–其其格

别　名：黄花菜

多年生中生草本。乌拉特后旗栽培用于园林绿化，供观赏。花可供食用。根入药，能清热利尿、凉血止血，主治水肿、小便不利、淋浊、尿血、衄血、便血、黄疸等。外用治乳痈。属内蒙古重点保护植物。

黄花菜 Hemerocallis citrina Baroni

蒙古名：西日–其其格

别　名：金针菜

多年生中生草本。乌拉特后旗栽培作观赏用。使用及药用都同小黄花菜。

百合属 Lilium L.

山丹 Lilium pumilum DC.

蒙古名：萨日阿楞

别　名：细叶百合、山丹丹花

多年生中生草本。生于草甸草原、山地草甸。见于乌拉特后旗狼山浩日格地区。鳞茎入药，能养阴润肺、清心安神。花及鳞茎也入蒙药，能接骨、治伤、去黄水、清热解毒、止咳止血。属内蒙古重点保护植物。

葱属 Allium L.

贺兰韭 Allium eduardii Stearn

蒙古名：当给日

多年生中旱生草本。生于山顶石缝，见于乌拉特后旗狼山。

乌拉特葱 Allium **wulateicum** Y.Z.Zhao et Geming

多年生旱生草本。生于沙质荒漠化草原,见于乌拉特后旗宝音图地区。

蒙古韭 Allium mongolicum Regel

蒙古名:呼木乐

别　名:蒙古葱

多年生旱生草本。生于沙地及覆沙地。见于乌拉特后旗各地。叶及花可食用。地上部分入蒙药,能开胃、消食、杀虫,主治消化不良、不思饮食、秃疮、青腿病等。为优等饲用植物。属内蒙古重点保护植物。

碱韭 Allium poyrhizum Turcz.ex Regel.

蒙古名：塔干那

别　名：多根葱、碱葱、扎芒

多年生强旱生草本。生于壤质、砂壤质棕钙土、淡栗钙土、石质残丘坡地上，见于乌拉特后旗狼山及其以北地区。花序及种子可做调味品，为优等饲用植物

矮葱（变种）Allium anisopodium Ledeb. var.anisopodium

蒙古名：那林–冒盖音–好日

别　名：矮韭

多年生中生草本，生于山坡、草地、固定沙地，见于乌拉特后旗狼山中。为优等饲用植物。

野韭 Allium ramosum L.

蒙古名:哲日勒格-高戈得

多年生中旱生草本。生于草原砾石质坡地、草甸草原、草原化草甸等群落中。见于乌拉特后旗狼山。嫩叶可作蔬菜食用,花可腌渍做“韭菜花”调味佐食。为优等饲用植物。

薤白 Allium macrostemon Bunge

蒙古名:陶格套苏

别　名:小根蒜

多年生旱中生草本。偶见于乌拉特后旗巴音镇人工草坪中。鳞茎可作蔬菜食用。也可入药,能理气宽胸、通阳散结,主治胸闷胸痛、胸痹、胱痞不舒、痰饮咳喘、泻痢后重等。

天门冬属 Asparagus L.

戈壁天门冬 Asparagus gobicus Ivan.ex Grub.

蒙古名:高比音–和日音–努都

旱生半灌木。生于荒漠化草原及荒漠地带的沙地及砂砾质干河床,见于乌拉特后旗狼山山前冲积扇及山后地区。为中等饲用植物。

鸢尾科 Iridaceae

鸢尾属 Iris L.

射干鸢尾 Iris dichotoma Pall.

蒙古名:海其–欧布苏

别　名:歧花鸢尾、白射干、芭蕉扇

多年生中旱生草本。生于草原或山地草原,见于乌拉特后旗狼山浩日格地区。

细叶鸢尾Iris tenuifolia Pall.

蒙古名：敖汗-萨哈拉

多年生旱生草本。生于草原、沙地及石质坡地，见于乌拉特后旗山后的中南部地区。根及种子入药，能安胎养血，主治胎动不安、血崩。花及种子也入蒙药，功能、主治同马蔺。

大苞鸢尾Iris bungei Maxim.

蒙古名：好您-查黑乐得格

多年生强旱生草本。生于砂质平原、干燥坡地、浅洼地，见于乌拉特后旗山后地区。为中等饲用植物。

马蔺(变种)Iris lactea Pall.var.chinensis (Fisch.) Koidz.

蒙古名:查黑乐得格

多年生中生草本。生于河滩、盐碱滩地,见于乌拉特后旗狼山以北地区,也有栽培作观赏植物。花、种子及根入药,能清热解毒、止血、利尿。花及种子也入蒙药,能解痉、杀虫、止痛、解毒、利疸退黄、消食、治伤、生肌、排脓、燥黄水。为中等饲用植物。

黄花鸢尾Iris flavissima Pall.

蒙古名：西日–查黑乐得格

多年生旱生草本。乌拉特后旗栽培用于观赏。

美人蕉科 Cannaceae

美人蕉属Canna L.

美人蕉 Canna indica L.

别　名：大花美人蕉、红艳蕉

多年生草本。乌拉特后旗栽培作为观赏花卉。根状茎及花入药，能清热利湿，安神降压。

参考文献

[1]马毓泉主编.内蒙古植物志,第二版1-5卷.呼和浩特:内蒙古人民出版社,1989-1998.

[2]赵一之.内蒙古维管植物分类及其区系生态地理分布.呼和浩特:内蒙古大学出版社,2012.

[3]华北树木志编写组.华北树木志.北京:中国林业出版社,1984.

[4]赵一之,赵利清.内蒙古维管植物检索表.北京:科学出版社,2014.

[5]刘媖心主编.中国沙漠植物志,第一卷.北京:科学出版社,1985.

[6]丁崇明主编.鄂尔多斯蜜源植物.呼和浩特:内蒙古大学出版社,2009.

[7]敖特根,布仁吉雅.鄂托克前旗草地植物.呼和浩特:内蒙古人民出版社,2007.

[8]宋朝枢,贾昆峰主编.乌拉特梭梭林自然保护区科学考察集.北京:中国林业出版社,2000.

[9]乌拉特后旗志编纂委员会.乌拉特后旗志.呼和浩特:内蒙古人民出版社,1992.

[10]赵一之主编.内蒙古珍稀濒危植物图谱.北京:中国农业科技出版社,1992.

[11]雍世鹏,赵一之.狼山北部典型荒漠区植物区系的基部特点.内蒙古大学学报:自然科学版,1979,10(2):87.

[12]李新荣,李小军,刘光琇.中国寒区旱区常见荒漠植物图鉴(旱区植物卷).北京:科学出版社,2012.

中文名索引

D

E

F

G

H

J

K

L

M

植物图鉴
The plants illustrated guide

T

W

X

Y

Z

拉丁名索引

A

B

C

植物图鉴
The plants illustrated guide

I

J

K

L

M

N

O

P

R

S

附:乌拉特后旗植物名录(1985年)

共收集种子植物430种(包括16种栽培农作物和蔬菜),分属63科289属。

标△号者为编辑该图鉴时未采集到的科和植物种,有4科和81种,有待今后进一步寻找研究。(编者注)

一、裸子植物

(一)柏科

1.杜松 ....蒙名:乌日格苏图—阿日查

2.沙地柏 ....蒙名:阿日查

(二)麻黄科

3.木贼麻黄 ....蒙名:黑拉—吉日格勒

4.膜果麻黄

二、被子植物

(三)杨柳科

5.山杨 ....蒙名:乌拉依—乌来苏

6.胡杨(异叶杨) ....蒙名:陶日—乌来苏

7.小叶杨

8.青杨△ ....蒙名:忽达拉—么都

9.旱柳

(四)榆科

10.灰榆 ....蒙名:敖里—海力斯

11.大果榆 ....蒙名:陶木吉米斯特—海力斯

(五)桑科

12.大麻(线麻) ....蒙名:敖乐斯

13.蒙桑 ....蒙名:蒙古日—阿力玛

(六)荨麻科

14.麻叶荨麻 ....蒙名:哈拉海—额布斯

(七)蓼科

15.沙木蓼 ....蒙名:额木根—希力毕

16.狭叶沙木蓼

17.刺针枝蓼……………………………………蒙名:哈日麻格—额木根—希力毕
18.沙拐枣 ……………………………………蒙名:陶存—陶日乐格
19.中国沙拐枣△ ……………………………蒙名:道木达德音—陶日乐格
20.萹蓄 ………………………………………蒙名:布敦纳音—苏勒
21.酸模叶蓼……………………………………蒙名:好日根—希莫乐德格
22.西伯利亚蓼 …………………………………蒙名:西伯日—希莫乐德格
23.两栖蓼△……………………………………蒙名:努日音—希莫乐德格
24.柳叶刺蓼……………………………………蒙名:乌日格斯图—塔日纳
25.园叶蓼
26.总序大黄……………………………………蒙名:查楚格—给西古纳
27.矮大黄 ……………………………………蒙名:马吉古纳
28.单脉大黄△ …………………………………蒙名:巴吉古纳
(八)藜科
29.中亚滨藜△ …………………………………蒙名:道木达—阿贼音—绍日乃
30.西伯利亚滨藜 ………………………………蒙名:西伯日—绍日乃
31.野滨藜 ……………………………………蒙名:希日古恩—绍日乃
32.沙蓬 ………………………………………蒙名:楚力给日
33.短叶假木贼 …………………………………蒙名:巴嘎乐乌日
34.雾滨藜 ……………………………………蒙名:马能—哈马哈格
35.碟果虫实……………………………………蒙名:楚古陈—哈马哈格
36.烛台虫实
37.华虫实 ……………………………………蒙名:给拉嘎日—哈马哈格
38.软毛虫实△ …………………………………蒙名:乌苏图—哈马哈格
39.瘤果虫实△ …………………………………蒙名:好希古特—哈马哈格
40.中亚虫实……………………………………蒙名:道木德—阿贼音—哈马哈格
41.绳虫实 ……………………………………蒙名:布呼很—哈马哈格
42.甜菜 ………………………………………蒙名:希日音—蔓菁
43.尖头叶藜……………………………………蒙名:道胡格—诺衣乐
44.藜……………………………………………蒙名:诺衣乐
45.刺藜 ………………………………………蒙名:塔黑彦—希乐毕—诺高
46.菊叶香藜……………………………………蒙名:乌努日特—诺衣尔
47.灰绿藜 ……………………………………蒙名:呼和—诺古干—诺衣乐

48.小白藜 ....蒙名:查干—诺衣乐

49.驼绒藜 ....蒙名:特斯格

50.梭梭 ....蒙名:札格

51.碱地肤△ ....蒙名:好吉日萨格—道格特日嘎纳

52.地肤 ....蒙名:疏日—诺高

53.木地肤 ....蒙名:道格特日嘎纳

54.黑翅地肤 ....蒙名:楚乐音—道格特日嘎纳

55.尖叶盐爪 ....蒙名:苏布格日—巴达日格纳

56.盐爪爪 ....蒙名:巴达日格纳

57.细枝盐爪爪 ....蒙名:苏布格日—巴达日格纳

58.蛛丝蓬 ....蒙名:好希—哈马哈格

59.黑柴 ....蒙名:哈日—图乐

60.碱蓬 ....蒙名:和日斯

61.阿拉善碱蓬 ....蒙名:阿拉善—和日斯

62.盐地碱蓬 ....蒙名:哈日—和日斯

63.平卧碱蓬 ....蒙名:和布特格—和日斯

64.角果碱蓬 ....蒙名:额伯日特—和日斯

65.波菜 ....蒙名:乌日格斯图—诺高

66.木本猪毛菜 ....蒙名:查干—宝德日干纳

67.松叶猪毛菜 ....蒙名:札格萨格拉

68.珍珠 ....蒙名:宝日—宝德日干纳

69.蒙古猪毛菜△ ....蒙名:蒙古日—哈木呼乐

70.猪毛菜 ....蒙名:哈木呼乐

71.戈壁猪毛菜△ ....蒙名:戈壁音—哈木呼乐

72.展苞猪毛菜△ ....蒙名:宝古日乐—哈木呼乐

73.刺沙蓬 ....蒙名:乌日格斯图

74.盐角草

(九)苋科

75.反枝苋 ....蒙名:阿日白—诺高

(十)马齿苋科

76.马齿苋 ....蒙名:娜仁—淖嘎

(十一)石竹科

77.荒漠霞草 ....蒙名:楚乐音—哲格任—陶鲁盖
78.草原霞草△ ....蒙名:兴安乃—哲格任—陶鲁盖
79.裸果木 ....蒙名:乌兰—图例
80.旱麦瓶草△ ....蒙名:希日—苏古恩乃—其黑
81.毛萼麦瓶草 ....蒙名:哲日图—苏古恩乃—其黑
82.叉枝繁缕 ....蒙名:特门—章给拉嘎
83.牛膝姑草 ....蒙名:达嘎木
84.女娄菜 ....蒙名:苏尼吉木乐—其其格
(十二)金鱼藻科△
85.金鱼藻△ ....蒙名:阿拉坦—札木嘎
(十三)毛茛科
86.灌木铁线莲 ....蒙名:额日乐吉
87.灰叶铁线莲△
88.芹叶铁线莲 ....蒙名:那林—那布其特—奥日雅木格
89.黄花铁线莲 ....蒙名:希日—奥日雅木格
90.水葫芦苗 ....蒙名:那木格音—格乐—其其格
91.黄戴戴 ....蒙名:格乐—其其格
92.耧斗菜 ....蒙名:乌日乐其—额布斯
93.瓣蕊唐松草△ ....蒙名:查存—其其格
94.展枝唐松草△ ....蒙名:莎格萨嘎日—查存—其其格
95.香唐松草 ....蒙名:乌努日特—查存
(十四)小檗科
96.鄂尔多斯小檗 ....蒙名:鄂尔多斯—希日—毛都
(十五)罂粟科
97.灰绿黄堇 ....蒙名:柴布日—萨巴乐于纳
(十六)十字花科
98.泡果荠
99.厚叶花旗杆 ....蒙名:朱占—巴格太—额布斯
100.白毛花旗杆 ....蒙名:查干—巴格太—额布斯
101.独行菜 ....蒙名:昌古
102.北方独行菜
103.宽叶独行菜 ....蒙名:乌日根—昌古

104.独行菜一种

105.宽翅沙芥 ....蒙名:乌日格—额乐孙子罗邦

106.燥原芥 ....蒙名:其黑—好日格

107.垂果大蒜芥 ....蒙名:文吉格乐—哈木白

108.风花菜 ....蒙名:那木根—萨日布

(十七)景天科

109.瓦松 ....蒙名:斯琴—额布斯—爱日格—额布斯

110.费菜 ....蒙名:玉盖—伊德

(十八)蔷薇科

111.阿尔泰地蔷薇 ....蒙名:阿尔泰音—图门—塔那

112.砂生地蔷薇 ....蒙名:额勒森—图门—塔那

113.水栒子△ ....蒙名:乌兰—雅日盖

114.准格尔栒子 ....蒙名:准格尔—雅日盖

115.毛二裂委陵菜 ....蒙名:陶日格—阿查—陶来音—汤乃

116.高二裂委陵菜 ....蒙名:陶日格—阿查—陶来音—汤乃班木毕日

117.小叶金露梅 ....蒙名:吉吉格—乌日阿拉格

118.分裂委陵菜 ....蒙名:奥尼图—陶来音—汤乃

119.铺地委陵菜 ....蒙名:诺古音—陶来音—汤乃

120.菊叶委陵菜△ ....蒙名:奥衣音—陶来音—汤乃

121.轮叶委陵菜

122.星毛委陵菜△ ....蒙名:纳布塔格日—陶来音—汤乃

123.绢毛委陵菜 ....蒙名:给拉嘎日—陶来音—汤乃

124.鹅绒委陵菜 ....蒙名:陶来音—汤乃

125.蒙古扁桃 ....蒙名:乌兰—布衣勒斯

126.柄扁桃 ....蒙名:布衣勒斯

127.绵刺 ....蒙名:好衣热格

128.单瓣黄刺玫 ....蒙名:希日—札木尔

129.楼斗叶绣线菊△ ....蒙名:扎巴根—塔比勒干纳

130.三裂叶绣线菊 ....蒙名:哈日—塔比勒干纳

131.斜茎黄芪 ....蒙名:玉日音—好恩其日

132.荒漠黄芪△ ....蒙名:楚鲁音—好恩其日

133.淡黄芪 ....蒙名:成禾日—好恩其日

134.达乌里黄芪△ ……………………………………蒙名:禾伊音干—好恩其日
135.白花黄芪 ………………………………………蒙名:希敦—查干—好恩其日
136.草木樨黄芪 ……………………………………蒙名:哲格仁—希勒比
137.长毛荚黄芪
138.糙叶黄芪 ………………………………………蒙名:希日古恩—好恩其日
139.灰叶黄芪
140.变异黄芪 ………………………………………蒙名:浩日图—好恩其日
141.扁茎黄芪△ ……………………………………蒙名:哈布他盖—好恩其日
142.甘新黄芪△
143.乌拉特黄芪△ …………………………………蒙名:乌拉特音—好恩其日
144.黄芪属一种
145.蒙古雀儿豆
146.红花雀儿豆
147.短脚锦鸡儿 ……………………………………蒙名:好伊日格—哈日嘎纳
148.窄叶矮锦鸡儿△
149.狭叶锦鸡儿 ……………………………………蒙名:那日音—哈日嘎纳
150.藏锦鸡儿 ………………………………………蒙名:特布都—哈日嘎纳
151.荒漠锦鸡儿△ …………………………………蒙名:楚鲁音—哈日嘎纳
152.中间锦鸡儿 ……………………………………蒙名:宝特—哈日嘎纳
153.柠条锦鸡儿 ……………………………………蒙名:查干—哈日嘎纳
154.沙冬青 …………………………………………蒙名:萌合—哈日嘎纳
155.甘草 ……………………………………………蒙名:希禾日—额布斯
156.狭叶米口袋 ……………………………………蒙名:那日音—莎勒吉日
157.蒙古岩黄芪△
158.细枝岩黄芪 ……………………………………蒙名:好尼音—他日波勒吉
159.短翼岩黄芪 ……………………………………蒙名:楚鲁音—他日波勒吉
160.牛枝子 …………………………………………蒙名:乌日格斯图—呼日布格
161.白花草木樨 ……………………………………蒙名:查干—呼庆黑
162.细齿草木樨△ …………………………………蒙名:赫尼恩—闹爱拉
163.草木樨 …………………………………………蒙名:呼庆黑
164.天兰苜蓿 ………………………………………蒙名:呼和—查日嘎苏
165.紫花苜蓿 ………………………………………蒙名:宝日—查日嘎苏

166.猫头刺 ....蒙名:奥日图哲

167.麦叶棘豆△

168.鳞萼棘豆△ ....蒙名:查干—奥日图哲

169.小花棘豆 ....蒙名:扫格图—奥日图哲

170.尖叶棘豆△

171.苦马豆 ....蒙名:洪呼图—额布斯

172.披针叶黄华 ....蒙名:他日巴干—希日

173.苦豆子 ....蒙名:胡兰—宝雅

174.肋脉野豌豆 ....蒙名:扫达拉图—给希

175.巢菜 ....蒙名:给希—额布斯

176.柴穗槐 ....蒙名:宝日—特如图—槐子

(十九)牻牛儿苗科

177.牻牛儿苗 ....蒙名:曼久亥

178.短喙牻牛儿苗 ....蒙名:戈壁音—曼久亥

179.鼠掌老鹳草 ....蒙名:西比日—西木德格来

(二十)亚麻科

180.宿根亚麻 ....蒙名:塔拉音—麻嘎领古

(二十一)蒺藜科

181.大白刺 ....蒙名:陶日格—哈日莫格

182.小果白刺 ....蒙名:哈日莫格

183.球果白刺 ....蒙名:楚鲁音—哈日莫格

184.白刺 ....蒙名:唐古特—哈日莫格

185.多裂骆驼蓬△ ....蒙名:奥尼图—乌木黑—额布斯

186.匍根骆驼蓬 ....蒙名:哈日—乌木黑—额布斯

187.翼果霸王 ....蒙名:达拉巴其特—胡迪日

188.大花霸王 ....蒙名:陶日格—胡迪日

189.石生霸王 ....蒙名:海衣日音—胡迪日

190.霸王 ....蒙名:胡迪日

191.蒺藜 ....蒙名:伊曼—章古

(二十二)芸香科

192.北芸香 ....蒙名:呼吉—额布斯

193.针枝芸香△ ....蒙名:存异图—呼吉—额布斯

213.锥叶柴胡△ ....蒙名:疏布格日—宝日东—额布斯

214.芫荽 ....蒙名:乌努日图—诺高

215.胡罗卜 ....蒙名:胡罗邦

216.茴香 ....蒙名:昭日哈德苏

217.沙茴香 ....蒙名:汉—特木日

218.胀果芹 ....蒙名:达格沙—都日根—查干

219.内蒙古邪蒿 ....蒙名:蒙古日—乌木黑—朝古日

(三十六)报春花科

220.阿拉善点地梅 ....蒙名:阿拉善—达邻—陶布其

221.白花点地梅△ ....蒙名:查干—达邻—陶布其

222.海乳草 ....蒙名:苏子—额布斯

(三十七)白花丹科

223.黄花补血草 ....蒙名:希日—义拉干—其其格

224.细枝补血草 ....蒙名:那林—义拉干—其其格

225.二色补血草 ....蒙名:义拉干—其其格

(三十八)龙胆科

226.达乌里龙胆 ....蒙名:达古日—主力格—其木格

227.鳞叶龙胆△ ....蒙名:希日贡—主力格—其木格

(三十九)萝藦科

228.羊角子草 ....蒙名:少布给日—特木根—呼和

229.鹅绒藤 ....蒙名:哲乐特—特木根—呼和

230.地梢瓜 ....蒙名:特木根—呼和

(四十)旋花科

231.打碗花 ....蒙名:阿雅根—其其格

232.田旋花 ....蒙名:塔拉音—色德日根纳

233.银灰旋花 ....蒙名:宝日—格力根纳

234.刺旋花 ....蒙名:乌日格斯图—色德日根纳

235.鹰爪柴 ....蒙名:萨布日力格—色德日根纳

236.兔丝子 ....蒙名:希日—奥日义羊古

(四十一)紫草科

237.假紫草 ....蒙名:希日—伯日莫格

238.灰毛假紫草 ....蒙名:柴布日—希日—伯日莫格

239.沙生鹤虱 ....蒙名:额乐存—闹昭日嘎纳
240.鹤虱 ....蒙名:闹昭日嘎纳
241.砂引草 ....蒙名:敏吉音—扫日
242.石生齿缘草 ....蒙名:哈旦奈—巴特哈
(四十二)马鞭草科
243.蒙古莸 ....蒙名:道嘎日嘎纳
(四十三)唇形科
244.香青兰 ....蒙名:乌努日图—比日羊古
245.微硬毛建草 ....蒙名:西如伯特日—比日羊古
246.冬青叶兔唇花 ....蒙名:昂格拉札古日—其其格
247.细叶益母草 ....蒙名:那林—都日伯乐吉—额布斯
248.脓疮草 ....蒙名:特木根—昂格拉札古日
249.薄荷 ....蒙名:巴德日阿西
250.甘肃黄芩 ....蒙名:甘肃音—混芩
251.并头黄芩△ ....蒙名:好斯—其其格特—混芩
252.细叶裂荆芥 ....蒙名:那林—吉如格巴
253.大花荆芥 ....蒙名:西伯日—毛如音—好木苏
254.百里香 ....蒙名:岗嘎—额布斯
(四十四)茄科
255.辣椒 ....蒙名:辣著
256.天仙子 ....蒙名:特讷
257.青杞 ....蒙名:洪—和日烟—尼都
258.马铃薯 ....蒙名:图木苏
259.茄子 ....蒙名:哈西
260.番茄 ....蒙名:图伯德—哈西
261.黑果枸杞 ....蒙名:哈日—侵娃音—哈日莫格
262.宁夏枸杞 ....蒙名:宁夏音—侵娃音—哈日莫格
263.截萼枸杞 ....蒙名:特格喜—侵娃音—哈日莫格
(四十五)玄参科
264.野胡麻 ....蒙名:呼日立格—其其格
265.达乌里芯芭 ....蒙名:兴安乃—哈谷—额布斯
266.地黄 ....蒙名:呼如古柏青—其其格

267.砾玄参 ....蒙名:海岸—哈日—奥日呼代

268.北水苦荬 ....蒙名:奥存—侵达干

(四十六)紫威科

269.角蒿 ....蒙名:乌兰—陶鲁木

(四十七)列当科

270.肉苁蓉 ....蒙名:查干—高要

271.盐生肉苁蓉 ....蒙名:呼吉日色格—查干—高要

272.沙苁蓉 ....蒙名:盾达地音—查干—高要

273.欧亚列当 ....蒙名:阿紫音—特木根—苏乐

(四十八)车前科

274.条叶车前 ....蒙名:乌斯特—乌和日—乌日根

275.车前 ....蒙名:乌和日—乌日根纳

276.平车前 ....蒙名:吉吉格—乌和日—乌日根纳

(四十九)茜草科△

277.蓬子菜△ ....蒙名:乌如木杜乐

278.茜草△ ....蒙名:乌日那

(五十)忍冬科

279.小叶忍冬 ....蒙名:吉吉格—那布其特—达邻—哈力苏

(五十一)败酱科△

280.西北缬草△ ....蒙名:唐古特—巴木柏—额布斯

(五十二)葫芦科

281.西葫芦 ....蒙名:皎瓜

282.西瓜 ....蒙名:塔日布斯

283.香瓜属

(五十三)桔梗科

284.宁夏沙参 ....蒙名:宁夏音—洪呼—其其格

(五十四)人菊科

285.顶羽菊 ....蒙名:牙干—图如古

286.髻状亚菊 ....蒙名:图乐格其—宝如乐吉

287.灌木亚菊 ....蒙名:宝塔力格—宝如乐吉

288.女蒿 ....蒙名:宝日—塔嘎日

289.黄花蒿 ....蒙名:毛日音—协日乐吉

290.猪毛蒿 ……………………………………蒙名:伊麻干—协日乐吉
291.时萝蒿 ……………………………………蒙名:宝吉木格—协日乐吉
292.碱蒿 ……………………………………蒙名:好您—协日乐吉
293.糜蒿 ……………………………………蒙名:苏日木斯图—协日乐吉
294.艾蒿△ ……………………………………蒙名:荽哈
295.南牡蒿 ……………………………………蒙名:乌苏力格—协日乐吉
296.冷蒿 ……………………………………蒙名:阿给
297.岩蒿△ ……………………………………蒙名:哈丹—西巴嘎
298.万年蒿 ……………………………………蒙名:毛日音—西巴嘎
299.白沙蒿 ……………………………………蒙名:查干—西巴嘎
300.油蒿 ……………………………………蒙名:西巴嘎
301.光沙蒿△……………………………………蒙名:给鲁格日—协日乐吉
302.黑蒿 ……………………………………蒙名:阿拉坦—协日乐吉
303.牛尾蒿 ……………………………………蒙名:苏古乐力格—协日乐吉
304.大籽蒿 ……………………………………蒙名:额日木
305.旱蒿 ……………………………………蒙名:宝日—西巴嘎
306.中亚紫菀木……………………………………蒙名:拉白
307.戈壁短舌菊……………………………………蒙名:戈壁音—陶苏特
308.短星菊 ……………………………………蒙名:巴日安—图加
309.小花鬼针草……………………………………蒙名:吉吉格—哈日巴其—额布斯
310.刺儿菜 ……………………………………蒙名:巴嘎—阿札日干纳
311.还羊参 ……………………………………蒙名:宝黑—额布斯
312.小甘菊 ……………………………………蒙名:毛日音—阿给
313.驴欺口△……………………………………蒙名:札日阿—敖拉
314.沙蓝刺头……………………………………蒙名:额乐存乃—扎日阿—敖拉
315.阿尔泰狗娃花 ……………………………………蒙名:阿尔泰音—布荣黑
316.多枝阿尔泰狗娃花
317.紊蒿
318.蓼子朴 ……………………………………蒙名:额存乐—阿拉坦—导苏乐
319.蒙新久苓菊 ……………………………………蒙名:侵努干纳
320.丝叶苦菜
321.东北苦菜△ ……………………………………蒙名:陶来音—伊达日阿

322.紫花山莴苣 ....蒙名:呼给—伊达日阿

323.白山蓟 ....蒙名:洪古日来拉

324.苣荬菜 ....蒙名:嘎布棍—诺高

325.风毛菊△..蒙名:哈拉特日干纳

326.盐地风毛菊 ....蒙名:戈壁音—哈拉特日干纳

327.西北风毛菊△ ....蒙名:阿日布斯—哈拉特日干纳

328.术叶千里光..蒙名:哈拉特日—给其根纳

329.北千里光△..蒙名:敖杨阿特音—给其根纳

330.雅葱 ....蒙名:塔拉音—哈比斯干纳

331.叉枝雅葱△..蒙名:阿查—哈比斯干纳

332.头序雅葱..蒙名:唐哈日—哈比斯干纳

333.蒙古雅葱..蒙名:蒙古日—哈比斯干纳

334.假叉枝雅葱..蒙名:好古日麻格其—哈比斯

335.丝叶雅葱..蒙名:南仁那布其—哈比斯干纳

336.亚洲蒲公英 ....蒙名:阿子音—巴格巴盖—其其格

337.蒲公英 ....蒙名:巴格巴盖—其其格

338.华蒲公英..蒙名:胡吉日色格—其其格

339.碱菀 ....蒙名:杓日闹乐吉

340.花花柴 ....蒙名:洪古日朝高纳

341.革苞菊 ....蒙名:希日—达兰

342.栉叶蒿 ....蒙名:乌哈日—西鲁黑

343.细茎黄鹌菜 ....蒙名:那力存—杨给日干纳

344.苍耳 ....蒙名:章古

345.碱黄鹌菜..蒙名:那力存—杨给日干纳

346.向日葵 ....蒙名:娜仁—花日

(五十五)香蒲科

347.狭叶香蒲..蒙名:乌素—苏里

348.小香蒲△..蒙名:巴格乌素—苏里

(五十六)眼子菜科

349.菹草△ ....蒙名:乌日其格日—奥存—呼日亚

350.龙须眼子菜 ....蒙名:萨门—奥存—呼日亚

(五十七)水麦冬科

351.水麦冬 ....蒙名:西乐—额布斯
352.海韭菜 ....蒙名:马日查—西乐—额布斯
(五十八)泽泻科△
353.泽泻△ ....蒙名:奥存—图如
(五十九)禾本科
354.芨芨草 ....蒙名:达日苏
355.醉马草 ....蒙名:好日图—额布斯
356.冰草 ....蒙名:油日胡格
357.沙生冰草 ....蒙名:芒很—耶里霍格
358.沙芦草 ....蒙名:耶里霍格—胡俄地维特
359.赖草 ....蒙名:乌仑—黑义雅克
360.三芒草 ....蒙名:淖海—希布格—额布斯
361.白羊草 ....蒙名:苏伯格乐吉
362.拂子茅 ....蒙名:哈布特盖—查干
363.假苇拂子茅 ....蒙名:呼鲁苏乐格—哈布特盖—查干
364.无芒隐子草 ....蒙名:阿德日—玛格
365.糙隐子草△ ....蒙名:希如棍—哈吉嘎日—额布斯
366.长花隐子草△ ....蒙名:乌日特—哈吉嘎日—额布斯
367.虎尾草 ....蒙名:包乐干—斯古乐
368.披碱草 ....蒙名:希义日—黑义雅克
369.肥披碱草△ ....蒙名:陶日格—札巴干—黑义雅克
370.扎股草△ ....蒙名:闹格图灰
371.野稗 ....蒙名:乌顺—浩努格
372.长芒野稗 ....蒙名:温都日—苏日图—吉日乐格—布达
373.小画眉草 ....蒙名:古日拉—古拉日
374.画眉草△ ....蒙名:霍日嘎拉吉
375.野大麦△ ....蒙名:哲日力格—阿日白
376.溚草 ....蒙名:塔干—斯古乐
377.臭草 ....蒙名:少格书日嘎
378.藏臭草△ ....蒙名:图伯德—少格书日嘎
379.冠芒草 ....蒙名:奥古图那音—苏乐
380.白草 ....蒙名:乌仑查干

381.细叶草熟禾△ ....蒙名:那林—伯页力格—额布斯

382.少叶早熟禾 ....蒙名:淮日格—伯页力格—额布斯

383.硬质早熟禾 ....蒙名:西如棍—伯页力格—额布斯

384.葡系早熟禾△

385.芦苇 ....蒙名:胡芦斯沙拉—胡芦斯

386.长芒棒头草 ....蒙名:扫日特—萨木白

387.沙鞭 ....蒙名:苏里

388.中亚细柄茅 ....蒙名:阿吐音—西伯格乐吉

389.野燕麦 ....蒙名:这日里格—阿拉伯

390.玉米 ....蒙名:额尔登—西西

391.小麦 ....蒙名:宝古代

392.黍 ....蒙名:蒙古日—阿木粘给—阿木

393.碱茅 ....蒙名:乌仑

394.微药碱茅△

395.星星草△..............................蒙名:奈林—霍吉日斯格—乌楞

396.阿拉善鹅冠草

397.金色狗尾草△ ....蒙名:希日—达日

398.狗尾草 ....蒙名:乌端彦色郭勒

399.短花针茅..............................蒙名:陶木—黑里根那

400.戈壁针茅..............................蒙名:戈壁音—黑里根那

401.沙生针茅..............................蒙名:陶木—黑里根那

402.小针茅 ....蒙名:吉吉格—黑里根那

403.蒙古针茅..............................蒙名:查嘎嘎拉吉

404.西北针茅△ ....蒙名:黑里根那

405.中华草沙蚕 ....蒙名:古日巴存—额布斯

406.锋芒草 ....蒙名:衣马嘎拉吉—额布斯

407.贴木尔草..............................蒙名:贴木日—额布斯

(六十)莎草科

408.寸草苔 ....蒙名:朱日格—额布斯

409.砾苔草..............................蒙名:赛衣日音—西日黑

410.凸脉苔草△ ....蒙名:孟和—西日黑

411.踏头苔草△

412.乳头荸荠△ ....蒙名:温都日—存—温都斯

413.藨草△ ....蒙名:塔巴雅

414.水葱△ ....蒙名:奥存—塔巴雅

415.花穗水莎草△ ....蒙名:胡吉暗—少日乃

(六十一)灯心草科

416.小灯心草....................................蒙名:莫乐黑音—高乐—额布斯

(六十二)百合科

417.矮葱

418.砂韭 ....蒙名:阿古拉音—塔干纳

419.蒙古韭 ....蒙名:忽木利

420.多根韭 ....蒙名:塔干纳

421.细叶韭△....................................蒙名:札芒

422.雾灵韭△....................................蒙名:呼和—当给日

423.旱葱△ ....蒙名:毛盖音—好日

424.知母△ ....蒙名:闹未乐嘎纳

425.戈壁天冬....................................蒙名:戈壁音—河岸—努都

426.山丹 ....蒙名:萨日郎楞

(六十三)鸢尾科

427.大苞鸢尾....................................蒙名:好您—查黑乐德格

428.射干鸢尾....................................蒙名:每其—额布斯

429.马蔺 ....蒙名:查黑乐德格

430.细叶鸢尾....................................蒙名:乌呼那音—萨哈乐